核职业领导力系列丛书

核职业领导力案例

编著 王 伟 董恩兴 叶汉平 吴李兴 等

中国原子能出版社

图书在版编目（CIP）数据

核职业领导力案例 / 崔伟等编著. --北京：中国
原子能出版社，2023.12
ISBN 978-7-5221-3330-0

Ⅰ. ①核… Ⅱ. ①崔… Ⅲ. ①原子能工业–工业企业
管理–案例–中国 Ⅳ. ①F426.23

中国国家版本馆 CIP 数据核字（2023）第 249736 号

核职业领导力案例

出版发行	中国原子能出版社（北京市海淀区阜成路 43 号　100048）
责任编辑	李静晶　王艳胜
装帧设计	北京金玉森林广告有限公司
责任校对	冯莲凤
责任印制	赵　明
印　　刷	北京厚诚则铭印刷科技有限公司
经　　销	全国新华书店
开　　本	787 mm×1092 mm　1/16
印　　张	7.375
字　　数	92 千字
版　　次	2023 年 12 月第 1 版　2023 年 12 月第 1 次印刷
书　　号	ISBN 978-7-5221-3330-0　　**定　价　39.00 元**

网址：http://www.aep.com.cn　　**E-mail：atomep123@126.com**
发行电话：010-88828678

前 言
PREFACE

核职业领导力研讨班（Nuclear Professional Development Seminar，NPDS）自 2018 年引进福建福清核电有限公司（简称“福清核电”）管理能力培训课堂，立足核电特色，围绕“核安全”与“领导力”，采用“理论学习 + 管理研讨 + 行动实践”相结合的学习形式，旨在提升公司各领域基层管理者的领导力与核职业素养，打造各领域经验交流的平台，增进公司各领域、各部门间的交流与融合，夯实公司“人才高地”建设基础，推动公司管理人才职业化、专业化发展。

通过借鉴国际课程，结合公司发展现状，不断融合转化、探索迭代、沉淀传承，福清核电 NPDS 已成为行业特色知名品牌。在“华龙一号”示范工程全面建成投运的新起点，福清核电 NPDS 将持续优化，继续为公司培养优秀管理人员，推动公司高质量发展，打造“‘华龙一号’标杆、运行电厂标杆”。

世界核电运营者协会（World Association of Nuclear Operators，WANO）核电领导力有效性特征包含 5 个方面，分别为：制定优先考虑核安全的卓越愿景（LE.1）；鼓励员工积极参与（LE.2）；营造团队合作、信任和合作的氛围（LE.3）；追求可持续结果（LE.4）；培养领导能力

（LE.5）。福清核电核职业领导力研讨班历届学员从自身实际出发，结合WANO领导力有效性特征，编制了这本《核职业领导力案例》。

本书共分为五章：第一章为制定优先考虑核安全卓越愿景的案例（LE.1）；第二章为鼓励员工积极参与的案例（LE.2）；第三章为营造团队合作、信任和合作的氛围的案例（LE.3）；第四章为追求可持续结果的案例（LE.4）；第五章为培养领导能力的案例（LE.5）。

目录

CONTENTS

第 1 章
制定优先考虑核安全的卓越愿景（LE.1）

案例 1　创新开展基于“组织透明度”的核安全文化建设

董恩兴

1　背景

核安全是核电厂管理的一个永恒的主题，而核安全文化又是核安全管理的一个重要支撑。如何有效地开展核安全文化建设，使得核安全文化在团队的安全管理中切实发挥推动作用，是每个组织、每个管理者需要长期深入思考的课题。党的二十大报告指出，实践没有止境，理论创新也没有止境。因此，带领团队创新开展核安全文化建设工作，并不断提升团队的核安全文化水平，是每一个核行业领导者工作中的必修课。

2　问题

核安全文化概念自切尔诺贝利核事故后提出以来，经过多年的发展已经有了非常丰富的内涵，也有很多良好的实践，但对于不同的核事业单位、相同核电厂的不同部门之间，由于主要生产过程和工作内容的不同，需要将“放之四海而皆准”的指导性、原则性、普适性的要求和导则同自己的团队实际相结合，采取适合团队自身的核安全文化举措，打造具有团队特色的核安全文化载体。在这一方面，各部门的总体思考深度和行动力度都还有较大差距。

3 行动

3.1 现状分析

目前，在核安全文化建设方面，主要还是通过宣传、评比、考核等方式，很多非常经典和高度凝练的核安全文化原则和理念还停留在顶层设计上，因此，还需要在核安全文化落地实行上提升关注度，尤其是在建立组织内部的高度信任方面，作为核安全文化正常开展的重要基础，需要予以重点关注。通过系统思考、创新手段，夯实组织内部互信氛围，为团队核安全文化健康发展创造有利条件。

3.2 项目推进

（1）统一思想

通过与团队主管核安全文化建设的科室和工程师对当前组织在核安全文化建设中存在的问题进行沟通，针对核安全文化工作中，特别是提升团队内部透明度、建立组织内部高度互信方面存在的管理方法少、评价维度单一、运行值对主动暴露自身问题积极性差、通报信息内容价值不高等问题，进行深入地交流和讨论，客观全面地认识团队的现状，并将领导者的想法和初步思路与团队进行沟通，通过思想碰撞达成统一的目标。

（2）调研对标

为了避免工作在推进过程中方向不偏，起步阶段必须通过调研对标找准目标，同时加深对工作的理解和对同行现状的掌握，在前人或同行既有成果的基础上开展工作，以达到更好的实践效果。

1）充分研读国际原子能机构（IAEA）、中国核工业集团有限公司（简称“中核集团”）、中国核能电力股份有限公司（简称“中国核电”）等发布的有关核安全文化的指导文件以及公司相关管理政策；

2）组织主管处室核安全文化建设的团队进行座谈调研，弄清楚大家对于当前团队核安全文化水平的认知、想法和思路，消除执行人员对于此项工作的困难畏惧心理；

3）了解外单位、外部门在相关方面做的工作，并进行充分的参考和借鉴。

（3）项目实施

确定要执行工作时，组织专门的会议进行充分研讨，初步确定透明指数的评价维度。在制定细则的过程中再讨论确认，结合本团队的实际开展优化工作，确保在团队现有工作开展的基础上进行创新，提升整体效果的同时不增加团队额外的工作量。

发布正式文件，组织会议进行宣贯，确保整个团队从管理者到执行者都能清楚这项工作的目标以及具体的开展方式。

4　结果

（1）工作顺利推进

处室成功发布《透明的核安全文化建设方案》，完成首次指标发布。首次从多个维度对一个运行值的透明安全文化水平进行评估，结束了单纯凭借状态报告数量和主动发送偏差数量的历史。

（2）员工能力提升

为公司和运行团队的核安全文化建设创新了思路，提供了全新的文化载体，让组织的安全文化情况变得可知可视。

5　启示

能带领队伍实现最初确定的目标是检验领导力的关键指标。领导者的领导力来自能统一团队的思想、能够组织一批“追随者”。工作的推进必须建立在对情况掌握的基础之上，充分的调研必不可少。领导者要对相关工作有较为深入的了解，同时做到过程管控，根据反馈及时调整，确保方向不偏。

案例 2　运行值班长讲故事

王肖飞

1　背景

2017 年，福清核电 1、2 号机组已经商运一段时间，虽然运行一处对于 1、2 号机组历史上偏差、事件经验也积累了不少，但因人员分流，新人仍占据着很大一部分，曾经出现过的偏差仍时不时再次出现。例如，2017 年 4 月，运行一处五值出现了一次典型的人因事件，2 位现场人员做隔离之前已经操作了凝结水精处理系统（ATE）的 2 个阀门，但在挂牌时未能正确核对设备的 9 位码，导致挂错隔离牌。虽然该事件不会产生严重后果，但是这种典型的人因偏差令处室领导心有余悸。

2　问题

虽然运行一处已经积累了几年的经验，但是由于人员分流，大量新人来到现场工作，故而重复的或者类似的人因偏差未有下降，反而有上升之势；运行一处五值人员为了提升绩效，需要减少人因偏差、杜绝重复偏差的发生。

3　行动

为了减少人因偏差，杜绝重复人因事件的发生，遏制重大人因事件的发生，值长和值内的几个骨干经讨论决定开展“班长讲故事”活动，首先，通过小故事的不断熏陶来降低重复问题出现；其次，“班长讲故事”这种小范围又接近现场的方式更助于现场人员的理解和感同身受；最后，这个活动也是对过去偏差和经验的一个梳理总结过程。

活动的具体要求是：每轮班的中班夜班，现场的每个岗位的主管要给岗位上的兄弟讲个曾经发生的偏差或事件，最好能够去事发地讲故事，然后将每次讲的故事的标题、简要内容和参加人员等信息整理并发送全值人员。

这个活动还征求了各位班长的意见，班长们都积极响应，主要是此项活动具有几方面的好处：1）可以提高岗位员工安全意识、技能水平；2）岗位员工的成长能够提高岗位的工作绩效；3）新入职员工的成长能够减轻班长们工作压力；4）还能练习班长的口才和讲故事的能力。

2017 年开始，除了特别忙碌的中班和夜班，大部分岗位都开展了“班长讲故事”的活动，而且这个做法也一直在延续。后来这项活动经过几次优化，纳入了一些小知识的讲解，并分享到运行一处其他运行值。

班长群体基本上在现场“摸爬滚打”多年，经验较为丰富，并且是岗位上的“带头大哥”，是岗位文化氛围的缔造者，是值长思想的传递者，他们追求机组的安全可靠运行，追求优异的岗位绩效。因此，“班长讲故事”活动一方面体现了班长的责任和价值，另一方面可以以岗位为核心提升整个运行值的绩效。

4　结果

从结果上来说，运行一处五值偏差的确年年在减少，近年也未发生过重大人因偏差，并且解决了几个机组上出现的重大问题。这个活动使运行值氛围更好，人员之间的关系也更加融洽。因此，作为运行一处的优秀管理方案分享给运行一处其他运行值。

5　启示

5.1　“班长讲故事”活动成功启示

（1）成功的关键因素有以下几个方面：

1）值长和整个运行值都不想出偏差，希望能够提升绩效；

2）“班长讲故事”活动可以体现出班长的优势和以身作则的精神；

3）听故事的方式比起自己看文字更具吸引力，岗位上的同志们也愿意听和学。

4）执行起来比较方便，随时随地都可以，不需要过多的准备；

5）能够提升岗位氛围，凝聚岗位人员的向心力。

（2）现在改进空间：

1）不一定只让班长讲，其他有经验的老员工都可以讲讲自身经历；

2）目前岗位人员少，新人相对也比较少，随时随地都可以讲，不拘泥于形式，也不需要记录。

5.2 可复制、可推广的关键经验

1）各科值都可以做起来，“班长讲故事”“操作员讲故事”“值长讲故事”等。

2）执行起来更经济，无需太多成本。

案例 3　福清核电赴巴援建人员高级操作员王某某换照事宜

翁方检

1　背景

运行一处赴巴基斯坦援建人员王某某的高级操作员执照有效期至 2022 年 6 月 30 日，王某某原计划于 2021 年年底回国，参加 2022 年第一季度操作员换照考试，希望可以赶上第一季度国家能源局会议以更换高级操作员执照。由于疫情及机票购买等原因，王某某于 2022 年 3 月 18 日回到国内，然后进行防疫隔离和健康监测，没能赶上第一季度国家能源局会议，故其高级操作员执照很可能会失效。

2　问题

王某某的回国时间不确定、隔离时间不确定，公司各相关处室需要通力合作、积极协调，推动王某某按计划完成模拟机复训、理论课程复训和体检，并及时向国家能源局和国家核安全局提交换照申请，以完成换照工作。如果王某某不能按计划完成相关工作，不能及时提交换照申请，将可能导致高级操作员执照失效。

3　行动

针对该问题，公司核安全处先制订了第一种方案，即积极与国家核安全局人员资质处领导进行沟通，申请适当延长王某某的执照有效期（如延长到 2022 年 9 月 30 日）。但由于《民用核设施操作人员资格管理规定》没有关于执照延期的相关条款，故人员资质处领导要求严格遵守该规定，拒绝了王某某执照延期的申请。

第一种方案失效后，核安全处制订了第二种方案。核安全处积极配合培训处，跟踪复训和体检工作进展，及时向国家核安全局人员资质处汇报相关信息。在王某某完成了模拟机等科目复训和体检后，于 4 月底向国家核安全局提交换照申请材料，并成功换照。

4 结果

最终实现了王某某成功换照，与最初目标偏离度不大。

5 启示

成功的关键因素：工作团队确定了明确的目标和工作团队通力合作。

可推广的经验：由于操作员执照有效期为 5 年，后续需要外派运行执照人员时，应选择距离执照到期时间长的同事，不要选择近期需要换照的人员外派。

案例 4　运行领域确立了卓越运行的党建品牌和机组守护者定位

鲜　超

1　背景

为深入学习贯彻习近平新时代中国特色社会主义思想，公司持续深入推进党建工作与中心工作深度融合，发现新情况、破解新问题、探求新思路，努力形成一批有分量、有价值的党建实践创新成果，要求各党（总）支部锚定“每个领域形成一个具有示范性和推广性的特色党建品牌”的工作目标。

2　问题

福清核电形成了与中国核电卓越文化一脉相承的企业文化，但运行领域暂未形成承接、深化、落地福清核电企业价值观的领域党建品牌及文化定位，运行人员共同的价值取向与追求尚未明确，党建融入中心的行为准则没有合适的抓手，运行领域各部门没有形成统一的核安全文化氛围。

3　行动

“卓越运行”党建品牌建设坚持“一个定位、一个品牌，一个团队、一体推进”的思路，形成“领域统领、处室发挥，主干矗立、枝繁叶茂”的发展态势，既坚持领域的顶层牵引，又发挥基层的创新精神。

3.1　坚持创新驱动，打造运行党建发展新格局

提出“五型”党建、“五心”支部、“01234”党建思路，成立委员会和推进组，制定专项计划，通过具体行动促进党建融入中心工作，强化

领域凝聚。

3.2 挖掘文化价值，培育文化党建优势

编制卓越运行期刊、季报，设计卓越运行形象和品牌LOGO等，积极展示卓越运行文化内涵，提升品牌影响力。

3.3 塑造人文底蕴，打通人本党建“最后一公里”

卓越运行致力于打造运行家文化、奋斗者文化相结合的氛围，通过慰问走访、志愿服务等方式，营造有温度的工作和生活环境，形成良好的运行文化氛围。

3.4 丰富体系建设，积蓄价值党建发展内生动力

建立“号、岗、手、区、队党建品牌发挥作用联动”体系，把支部战斗堡垒和党员先锋模范作用充分发挥到安全生产的“主战场”。

3.5 强化顶层设计，完善标准党建机制

建立目标责任分解机制，编制党员积分责任制、卓越运行班组建设方案、党建大数据看板等，广泛开展支部评星、支部述职等工作，做到党建职责更加细化。

3.6 抓落实、见成效，在真抓实干中实现“卓越运行”

运行各党总支通过构建“量化评价、激励考核”“全领域监督、全链条督办”等管理体系，使福清核电运行管理效能显著提升。

4 结果

（1）党建融入中心，机组运营业绩突出

2020年至今，福清核电“卓越运行”党建品牌及“机组守护者”定位发布实施以来，1～6号机组运营屡创佳绩。1～4号机组保持WANO综合指数100分，3台机组安全稳定运行天数位居中国核电前三名，“华龙一号”示范工程全面建成，1号机组荣获“电力行业标杆机组”称号、连续两年获得“中国核电‘金牌机组’”称号，3、4号机组工程荣获“国家优质工程金奖”，正朝着“‘华龙一号’标杆、运行电厂标杆”的工作目标努力奋进。

（2）文化深植人心，领域工作协同高效

运行人员将“机组守护者”定位深植于心，同心协力锚定守护机组职责，大力推进领域化协作，在机组运行、防人因、经验反馈、党

建联建、人才培养等各方面协同奋进，提高了工作质量，提升了工作效能。

（3）荣誉提振士气，品牌产生效应

“卓越运行”党建品牌发布并实施以来，受到各部门、公司领导、同行电厂的充分肯定及借鉴，荣获“公司特色党建品牌成果”“优秀政研成果”等荣誉，并获“‘卓越运行’QC 小组荣获国际金奖”。

5　启示

核电企业必须制定优先考虑核安全的卓越愿景。卓越的企业/部门文化必须一脉相承，扎根坚实的基础，融入中心工作。找准运行定位并建立公认的党建品牌是创造“世界一流的运行业绩、追求卓越的运行团队”的前提。正确的认识并得到合适抓手的加持，卓越的核安全文化引领必会造就非凡业绩。

第 2 章
鼓励员工积极参与（LE.2）

案例 5　502 大修环吊设备预维工作的创新和优化

范黎鋆

1　背景

福清核电 502 大修（指 5 号机组第 2 次大修）是“华龙一号”首次 C 类大修，目标工期为 30 天。环吊设备预维工作是在机组完成停机解列，R 厂房开岛后的首要工作。为了推进大修核岛内吊装工作顺利开展，结合 501/601 大修经验反馈，公司成立了环吊检修及可靠性专项组，专项组组长由维修三处 502 大修责任处长担任。环吊专项组积极响应集团公司“创新优化年”工作部署，聚焦管理创新，优化流程，充分总结前两次大修经验，提出了在 502 大修中不仅要高质量完成环吊预维工作，还要实现在整个大修期间环吊零缺陷的目标，而且较以往大修要缩短检修工期。

2　问题

环吊设备预维是核岛大修 R 厂房内的第一项重要工作，高质量和高效率地完成检修工作可为后续主线的快速推进作出贡献。但由于 5 号机组特点，在机组解列后，R 厂房温度较高（45 ℃），自然降温较为缓慢，按照以往大修经验，穹顶环境温度至少需要 1 天时间才能降到工作人员检修的适宜条件，在实现 502 大修的“30”目标工期前提下，如何确保环吊预维工作安全高效地实施，对环吊专项组工作带来了极大的挑战。

3　行动

3.1　现状分析

结合 502 大修最终要实现“30”工期的总体目标，处长组织各科室重点对大修中所有工作可在缩短工期上如何优化方面做了详细的分析，通过讨论，一致认为在环吊预维工作上可以有较大的提升。

3.2　项目推进

（1）带头策划

处长作为环吊专项组的组长，亲自挂帅，牵头科室对环吊设备预维工作从“人、机、料、法、环”五个方面进行了全面分析，在确保工作人员安全的前提下，对工作中每一个环节的工期和进一步提升空间均提出了优化建议。

（2）调查研究

处长组织专项组通过多轮的调研、讨论，最终通过优化环吊动车试验逻辑，将 5T 验证、遥控器更换验证调整至低低水位，并将调整摄像头和 5T 设备回装窗口。

大修前，处长亲自带领科室和协作单位人员组织开展了多次高温环境的模拟演练，通过演练，收集了工作人员在安全的前提下，在高温环境中可执行任务的最长时间和人员数量，并且组织高温训练合格的人员进行环吊检修技能培训。专项组吸取 601 大修经验，对于环吊设备的使用手册和操作流程也进行了再次优化学习和培训，以确保操作人员熟练掌握各项操作流程和安全措施。

（3）组织动员

502 大修开始前两天，处长组织召开环吊专项组大修动员会，环吊专项组全体成员郑重宣誓，展示出不畏难、不惧险，坚决高质量完成环吊检修的决心和信心。

（4）项目实施

502 大修第一天下午，处长亲自带领环吊专项组进入 R 厂房实施环吊预维工作，从工前会的交底，到现场防异物控制，再到防高温措施的落实，工作的每一个环节都认真仔细地执行。

4 结果

（1）项目取得成功

通过各部门群策群力、协同合作，环吊预维工作圆满完成，安全质量可控。工作人员在高温环境作业未出现意外事件；环吊 QSR 动车试验一次性成功；节约主线时间 4.5 小时。

（2）项目创新优化

采用多重措施提高人员安全保障，具体包括：布置无水空调、增加临时风机、加穿降温冰背心、增加气源吹扫降温措施等。此外，还创新采用了 WAS 气源对环吊梁进行降温，确保此次环吊工作安全高效地实施。

5 启示

领导力的本质是一种影响力，当团队面临困境的时候，领导者应该义无反顾地站到前面，起到表率和引领作用。

案例6　组织开展环境实验室CNAS认可

范　晓

1　背景

2019 年，公司环境实验室作为辐射环境类实验室，申报中国合格评定国家认可委员会（CNAS）认可资质，CNAS 实验室有整套的对照国际标准化组织（ISO）的运行准则，环境实验室需在公司现有的管理体系下结合 CNAS 准则形成自己的运行体系。

2　问题

全科成员无 CNAS 实验室的工作经历与经验，也无成熟的实验室作为参考，需全员理解 CNAS 的准则，并结合实际工作形成福清核电自己的实验室运行体系。全科在科室日常工作之外，需要从无到有，编制并顺利运转 32 份 CNAS 程序，承担 CNAS 实验室不同的岗位职责，同时还需将公司几十份管理程序与 CNAS 体系相结合。科室日常工作已相对饱满，所有与 CNAS 相关的工作，全部需要加班完成。

3　行动

科室负责人主动担当，担任 CNAS 实验室的质量负责人，带领团队连续奋战，并负责实验室所有记录的最终审查。同时，科室负责人还注重营造融洽的团队氛围，以提升实验室监测质量为目标开展新体系运作，明确最终责任由科室领导来负责，鼓励大家积极投身 CNAS 实验室建设中。

4　结果

福清核电取得国家级 CNAS 认可证书（图 1），成为核电行业内第二家、福建省首家辐射环境 CNAS 实验室。辐射环境监测质量大幅提升，监测数据可靠性进一步提高。

科室团队共同完成难度较大的工作，团队协作能力进一步增强，科室成员对 CNAS 实验室的运作进一步了解和熟悉，基本可以作为专家向其他同行传授经验。

图 1　福清核电取得国家级 CNAS 认可证书

5　启示

以身作则，领导者承担项目工作中最困难的部分，并明确承担后果。营造和谐的团队氛围，团队每个成员互相帮助，团结一致，共同完成重要工作任务，并取得满意的结果。

持续塑造团队的组织行为，将对业绩或者高目标的追求，从领导者的要求转变为团队成员自主的需求，从而获得可持续的成果及更好的绩效水平。

领导者应率先垂范，关键时刻和困难工作中作为团队的主心骨，实践对业绩目标的追求并转化为实际行动。

案例 7　激励和制订标准手册培养大修辐射防护 OCC

胡　凌

1　背景

在某次核电厂大修准备期间，考虑辐射防护科的一位员工 A 已经有 3 次以上大修经验，在历次大修负责辐射防护最优化（ALARA）专项工作中表现得认真专业，且经常能提出自己的一些观点。保健物理处负责大修的处室负责人 B 在考虑人才培养、梯队建设时，在征求处室内部意见后，决定让 A 担任本次大修的辐射防护大修协调人（OCC）。

2　问题

员工 A 在收到处室负责人 B 的通知后，表示了拒绝。他表示自己能力不足，一是以前只是接受上级指令，承担某个具体的工作任务，没有对大修过程所有的辐射防护工作进行全面了解；二是大修协调还涉及与其他部门的沟通，其本人缺乏协调其他部门的经验。

辐射防护科当时属于年轻的队伍，大部分员工入职仅 2 年左右，除科长外，A 的工作年限最长，如果 A 不担任本次大修辐射防护 OCC 角色，除了影响本次大修处室内的合理人力资源分配外，其本人也错过了一次成长进步的机会。

3　行动

本着“培养团队全体成员、不放弃任何一人”的理念，保健物理处大修处室负责人 B 进一步与 A 进行了交流，同时也了解到其个人主要觉得自己没有承担过类似组织角色，感觉自己经验、能力不够，从而信心不足。

针对其信心不足的情况，B 采取了以下措施，进行激励和流程化指导。

3.1 谈心谈话，提振信心

处室负责人 B 与 A 进行了多次的单独谈心谈话，特别是针对 A 在以往大修中好的建议进行了点评，认为其能发挥自己主观能动性，而且取得了很好的效果，这帮助 A 对自己的能力有了信心。同时 B 又让其科长、同事不断地鼓励 A 去承担这个角色，大家对其工作表示大力支持，也让 A 的信心更足。

3.2 流程化指导，提升能力

针对 A 所担心的自己组织协调能力不够的问题，B 从大修准备开始，就让 A 多次组织、主持包括处室内部或与其他处室专业的问题沟通会，从旁观察，会后对 A 进行指导。

B 敏锐地发现，处室没有针对大修的各岗位制订一个标准的工作手册，于是牵头编制了《保健物理处大修辐射防护岗位手册》（包括辐射防护经理、OCC 等角色），详细规定了大修辐射防护各岗位在大修中的职责、工作流程、接口协调、注意事项等，这个手册为 B 后续在大修中的工作顺利开展发挥了重要作用。手册标准化形式后来也被公司层面参考，编制了公司级大修重要岗位工作手册。

在大修过程和后续的大修总结中，B 对 A 的工作重点给予了关心、帮助和提醒，确保 A 的工作顺利开展，并有个人的收获和提升。

4 结果

本次担任大修辐射防护 OCC，是 A 首次承担组织、协调岗位的工作，通过 B 的激励和具体过程指导，A 顺利完成了任务，本次大修辐射安全控制良好，所有的辐射安全指标都实现中国核电“三星”指标，A 也提升了个人信心，在后续担任职科室的班组长岗位时充分展现了其能力。

5 启示

充分激发团队成员信心，提升团队成员个人能力，从而能够胜任团队任务，是领导者最重要的一项工作。对于下属成员初次担任某个岗位角色，有针对性、多方面的激励和鼓励是帮助其建立信心的强心剂；制订标准化工作手册、全工作流程当中的指导是帮助其快速提升、成长的助推器。

案例 8　团队协作提升管辖厂房系统设备隔离操作水平

金卫阳

1　背景

核电厂取得的大多数工作成果是团队共同协作的结果。工作中任一环节的失误都可能导致该项工作中其他团队成员的努力付之东流。在工作中发挥团队成员主观能动性是干好工作的基础，培养相互协作支持的工作氛围是保持团队工作长期维持高质量的保证。构成工作团队的成员有核电厂员工和协作单位员工，如何促进不同单位员工之间的团结协作，形成共同的行为习惯，保证工作质量是一项需要长期关注的问题。

2　问题

保健物理处防护支持科负责管理的厂房较多，包括 0AC、7AC、0QS、0QT、0QR。该科室需要负责这些厂房的水、电、气、通风等公用系统和去污、固体废物处理系统的运行管理，包括系统设备检修维护的隔离。厂房相关系统设备的隔离操作，通常由隔离工程师负责编制隔离文件，协作单位员工现场实施操作。因隔离工程师缺乏隔离经验，导致隔离方案的完整性（保守性）存在不足，现场隔离实施人员缺少规范性培训，出现隔离操作不规范、防人因失误工具未有效使用等问题，设备隔离操作的质量管控存在较大的风险挑战。

3　行动

为提升自管厂房内设备隔离操作水平，统筹分析隔离操作存在的问题和相关团队的现状，充分调集处室资源，通过提升隔离文件质量、规范隔离操作实施、现场观察指导和内部经验反馈等措施进行改进提升。

3.1 通过营造学习型组织等方式，提升隔离文件质量

1）隔离工程师、科室负责人、处室负责人学习运行隔离操作管理文件；

2）开展隔离方案内部挑战活动，团队协作共同完善隔离方案；

3）讨论最初不能形成共识的问题，咨询运行处室隔离经理。

通过以上几项措施，长期积累，逐步形成相对标准化的隔离文件清单。

3.2 隔离操作规范性指导

初期，隔离工程师和业主人员在现场实施隔离操作示范，协作单位人员观摩，业主有隔离经验人员现场指导；后期逐步过渡到业主和协作单位共同实施；最终由协作单位独自在现场实施隔离操作。

3.3 隔离操作现场观察指导机制

处室负责人、科室负责人及员工、协作单项目管理人员定期开展隔离操作观察指导活动，建立观察指导台账。

3.4 开展内部经验反馈学习

定期对阶段性观察指导活动情况和收集到的问题开展内部经验反馈，对表现突出的团队给予表扬、奖励。

4 结果

改进措施基本实现了预期的目标。通过内部挑战、经验反馈学习、现场观察指导等措施，隔离操作的规范性有了大幅度提升。

1）防护支持科自 2019 年起连续几年隔离操作无偏差；

2）提升了协作单位各级人员的安全意识，在观察指导过程中，观察者、被观察者积极思考、相互交流，营造了良好的团队氛围，逐步形成了良好的自觉使用防人因失误工具的习惯。

5 启示

决定工作质量的往往是团队的短板，正视存在的不足，团队成员充分发挥应有的屏障作用，相互配合支持，必定能够补齐短板。

针对工作中出现的具体问题，需要充分发挥团队作用，通过团队协作，形成良好的工作习惯和工作方式，调动团队内部员工的主动性和积极性，可有效提升工作质量和团队整理的工作能力。

案例 9　多举措提升员工沟通力

李　峰

1　背景

核电厂运行人员，特别是一线倒班人员，以机组安全运行为己任，常年扎根现场，与现场各个设备为伴，默默守护各个系统、各个设备始终处于安全、稳定、可靠的状态。这种工作属性会对运行人员沟通交流以及表达能力产生影响。

2　问题

出现这样的情况，主要有两方面原因，一是与社会交流少。核电厂运行值人员绝大多数来自福州市以外的地区，且与福州当地交流机会少，需要很长时间才能融入本地生活。二是三班制的工作方式，与公司各部门甚至处室内部的其他科值交流非常少，导致运行人员对公司一些政策理解不及时、不准确。

3　行动

为解决上述问题，需要从加强与外部交流、促进内部沟通、提升政策宣贯、培养表达能力四个方面入手。

一是加强与地方交流、与兄弟单位交流。组织青年员工参加地方团青交流活动，参加与省美术馆、福清市生态环境局、福清市中小学等交流活动，扩大朋友圈。同时，也鼓励员工走出福清，与秦山核电、田湾核电、宁德核电、大亚湾核电等同行单位开展对标交流，启发思路、拓宽视野。

二是加强内部沟通。通过党建共建模式，各科值支部与兄弟部门开展交流，沟通信息、增进理解，形成合力。运行部门各科值之间通过开展论坛、文体活动等交流活动，互相学习、互促共进。

三是加强政策宣贯。制定运行二处“幸福清单”，得益于公司“幸福福核”建设的好政策，处室定期整理可为员工工作创造幸福的举措，并通过邮件、视频进行宣传，弘扬奋斗幸福观。开展程序日，讲解公司规章制度，让员工清晰地掌握工作规则，推动一次把事情做完美。

四是培养员工的表达能力。举办演讲比赛、核科普知识宣讲等活动，并鼓励员工参加，挖掘自身潜力，使工作丰富化。在举办大型会议、文体类活动时，安排青年员工走到前台，领学、领讲、主持，展示个人风采，提升自我信心。

4 结果

通过一系列举措，处内各科值的满意度逐渐向好，消除了部分员工心中的疑问，提升了员工奋斗幸福感知度，鼓舞了团队的士气，同时将大家的精力聚集到干事创业上，在机组运行和大修中，创造了良好业绩。

5 启示

问题的产生不是一个原因造成的，问题的解决也不会只有一个方法。很多问题往往不是真正的问题，而是沟通不及时、不到位引起的。

案例 10　“华龙一号”机组智能更衣柜自主调试

李　刚

1　背景

2021 年 8 月，福清核电 6 号机组卫生出入口装修基本完成，正在调试智能更衣柜。由于厂房内 WPW 管道变更后未及时恢复，系统在线后厂房大量跑水，智能更衣柜调试工作被迫停止，安装好的木地板全部报废，需要重新更换，安装好的智能更衣柜也需要拆除，并在地板更换后重新调试。由于更换新地板至少需要 20 天，智能更衣柜厂家人员暂时返回北京。

地板重新安装后，恰逢北京疫情紧张，智能更衣柜厂家人员暂时不能离京，福清核电厂区对北京来人的管控也加强了，此时距离建立控制区的目标日期不到一个月。

辐射防护科长最初的应对思路是协调智能更衣柜厂家能够尽快到场，但结果不容乐观。当时士气有些低落，担心会因卫生出入口未能正常投用而影响运行许可证颁发。

2　问题

6 号机组即将获得运行许可证，卫生出入口投运是辐射控制区建立的条件，进而是运行许可证颁发的条件；智能更衣柜厂家人员因疫情不能到现场调试；公司无人有相关调试经验。

3　行动

3.1　研究自主调试的可行性

辐射防护科科长首先研究了智能更衣柜接线图、操作说明书等文件，认为自主调试具备一定可行性，汇报处室领导后，得到处室领导的支持。

3.2 动员科室人员参与

辐射防护科长召集了全科人员，对自主调试的想法进行说明，从智能更衣柜不能顺利投用，将影响辐射控制区建立，进而影响“华龙一号”运行许可证颁发的角度，分析该工作对“华龙一号”机组顺利投产的重要性。介绍自己对智能更衣柜相关资料的理解，并鼓励科室人员尝试自主调试。

3.3 项目实施

动员科室内对智能更衣柜比较了解的同事与厂家联系，远程学习调试方法，并在现场尝试调试样机，样机调试好后，组织科室其他成员学习调试方法，并进行现场调试。

4 结果

科室人员在 3 天时间内完成了全部智能更衣柜共 100 组的调试，积累了智能更衣柜调试经验，在后续的使用过程中，可以对智能更衣柜进行故障处理，减少对厂家的依赖，提高现场工作效率。

5 启示

（1）成功的关键因素分析

1）辐射防护科长研究智能更衣柜说明书，了解自主调试的难度和分析其可行性；

2）向团队成员说明事情的重要性和事情成功后的意义；

3）根据团队成员不同特长，安排不同任务；

4）领导和团队成员一起干。

（2）可复制、可推广的关键经验

1）遇到事情，如果常规思路行不通，可以另选一条路；

2）看似困难的事情，仔细研究过以后，可能并没那么难；

3）作为领导者，应该首先开拓思路想办法，并与团队沟通商讨；

4）领导者亲自参与到其中。

案例 11　全员观察指导有力推进核安全文化建设

林建康

1　背景

核安全是核事业的生命线、企业的生存线、员工的幸福线。中国核电卓越核安全文化十大原则是核安全文化培育和建设的智慧结晶和行动指南。核安全文化的孕育和实践是一项系统性、长期性的任务，如何促进核电厂全体员工和协作单位成员形成高度的文化认同、一致行动和良好习惯，是核电厂核安全文化建设工作的重要任务。

2　问题

技术支持处老化防腐科负责全厂工艺系统设备、部件的腐蚀防护工作，工作中涉及大量高空作业、密闭空间作业等高风险作业。所辖协作单位有多家，人员数量多、流动性大，尤其防腐施工协作单位普遍为民营企业，公司规模较小，自主管理能力不强，对核电厂管理制度流程理解和执行力不足。协作单位人员在现场工作中，存在劳保用品穿戴不规范、未严格执行工作指令和记录等各类行为偏差，甚至存在饮酒入场的违章问题，现场活动安全质量管控和人员行为规范管理存在较大的风险挑战。

3　行动

为积极扎实做好老化防腐科安全生产工作，促进科室及协作单位各级管理人员主动担当和积极参与安全生产管理，引导和帮助协作单位人员不断提升核电厂核安全文化意识、铸牢安全生产理念、持续提升和强化人员行为规范，2021 年起，老化防腐领域组织科室成员及协作单位，持续开展“全员观察指导+回头看”核安全文化建设活动。

1）强化营造学习型组织，通过每日早班会经验反馈学习、每周安全生产周例会程序学习等形式，组织各级管理人员及班组成员深入学习研究和掌握福清核电安全质量、辐射防护、防人因失误工具使用等相关管理规定和要求。

2）建立全员观察指导活动机制，包括科室班组长及员工、质量控制（QC）/安全监督人、工作准备人、协作单项目经理等人员每月观察指导数量和记录要求，全员观察指导问题管理台账及闭环控制。

3）开展“全员观察指导+回头看”活动，定期对阶段性观察指导活动情况，尤其是高于期望、低于期望的事实进行复盘；开展人员行为偏差等问题趋势分析活动，对表现突出的人员和事迹提出表扬、嘉奖，对重复问题和主要问题进行再提升。统计分析结果如图 1、图 2 所示。

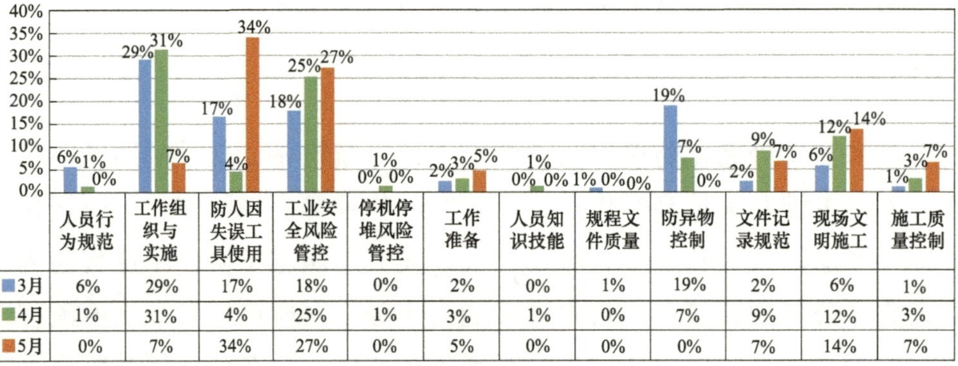

	人员行为规范	工作组织与实施	防人因失误工具使用	工业安全风险管控	停机停堆风险管控	工作准备	人员知识技能	规程文件质量	防异物控制	文件记录规范	现场文明施工	施工质量控制
3月	6%	29%	17%	18%	0%	2%	0%	1%	19%	2%	6%	1%
4月	1%	31%	4%	25%	1%	3%	1%	0%	7%	9%	12%	3%
5月	0%	7%	34%	27%	0%	5%	0%	0%	0%	7%	14%	7%

■3月 ■4月 ■5月

图 1　全员观察指导高于期望事实统计分析

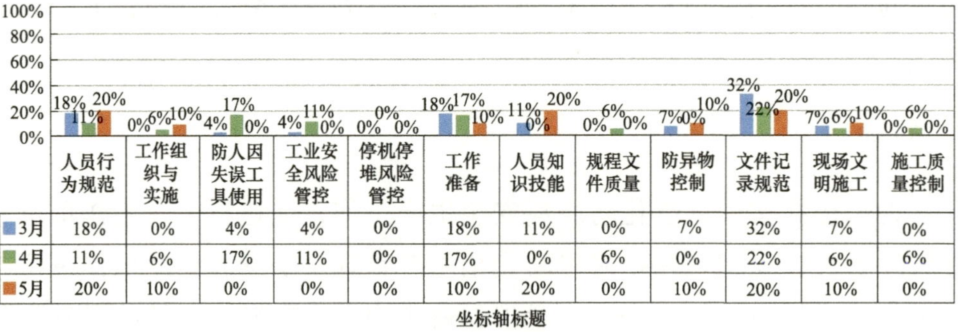

	人员行为规范	工作组织与实施	防人因失误工具使用	工业安全风险管控	停机停堆风险管控	工作准备	人员知识技能	规程文件质量	防异物控制	文件记录规范	现场文明施工	施工质量控制
3月	18%	0%	4%	4%	0%	18%	11%	0%	7%	32%	7%	0%
4月	11%	6%	17%	11%	0%	17%	0%	6%	0%	22%	6%	6%
5月	20%	10%	0%	0%	0%	10%	20%	0%	10%	20%	10%	0%

坐标轴标题

■3月 ■4月 ■5月

图 2　全员观察指导改进问题趋势分析

4　结果

项目达成预期目标。通过营造学习型氛围，“全员观察指导 + 回头看”活动的持续开展，老化防腐科在防腐协作单位人员核安全文化意识培养、人员行为规范提升和现场防腐活动安全质量管控等方面取得了较好的成绩，团队成员积极学习、践行核安全文化理念，知其责、尽其职，有力推进了核安全文化建设。

1）提升了科室及协作单位各级人员的安全生产责任意识，在全员观察指导的过程中，既指导、提升被观察者，也促使观察者主动学习、积极思考，营造了积极担责、人员管安全、人人助力安全提升的良好局面。

2）有效传递和树立了高标准、高要求的管理期望，提升了协作单位人员的核安全文化意识，培养团队各级人员坚持安全第一、严格遵守程序的工作作风，有效提升现场作业人员行为规范。

3）老化防腐科自 2019 年起连续 10 次大修期间安全质量零违章，多次大修零偏差，现场活动人员安全事件零起、设备误碰勿动事件零起。

5　启示

核安全文化建设重点在于营造学习型氛围，通过领导表率和有效的核安全文化学思用活动组织引导，实现高度的文化认同、一致行动和良好习惯。

“全员观察指导 + 回头看”是核电厂生产团队制定核安全卓越愿景，公司鼓励员工积极参与，营造相互信任和团结合作的氛围，追求可持续结果，培养领导能力，可有效推进核安全文化建设。

案例 12　福清核电的教员能用英语讲授“华龙一号”了

鲁忆迅

1　背景

2021 年 4 月至 10 月，福清核电接到中核集团下达的国际原子能机构（IAEA）核能国际人才培训项目，由于受疫情的影响，培训方式从最初的现场授课改为录制视频课程的形式。培训方式的改变对福清核电教员团队英文授课能力提出了更高的要求。视频课程对于福清核电是首次，英文的视频课程更是将难度系数提上了一个新高度。

2　问题

现场授课和视频课程最大的区别在什么地方呢？主要是视频课程是教员单向传递信息，现场授课是双向交流。可能有人会说视频课程不是更简单吗？实际不是这样，由于英语不是母语，要确保单向传递的信息准确无歧义对培训人员来说是一个很大挑战，更为严峻的是教员以前没有用英语教学的经历，有的教员大学毕业十年都没有再说过英语。而双向交流可以反复确认大家交流的信息，最终达成信息的传递就可以了。

3　行动

3.1　现状及资源分析

困难现实地摆在面前，项目团队只能直面问题。项目团队的资源是什么？就是福清核电的模拟机教员团队，以及可以依靠华龙国际培训中心雄厚的教学基础这个坚强的后盾。教员中英语水平较高的有两个人，这两个人就作为技术骨干对其他教员进行技术支持。其他的资源是可将翻译外委和由核工业干部管理学院的一个专业团队负责视频制作。

3.2　任务分析

项目团队的任务是什么？经过资源初步评估及与项目相关方沟通，确定了以科技展厅、主控室、“华龙一号”全范围模拟机、汽轮机、大件码头几个重点推介内容，并通过了中核集团和中国中原对外工程有限公司的认可。介绍“华龙一号”全范围模拟机培训是重头戏，需要录制 6 个小时的视频课程。除此之外其他几个场景分别需要录制 1 个小时的视频课程。

视频课程和日常的授课有很大的不同，除了开发教学材料之外，还要准备拍摄视频的脚本材料，教学材料、脚本材料最终要形成英文的版本。

最具挑战性的任务是福清核电的教员要用英语将这些课程演绎出来。

3.3　战前动员及有序歼敌

巨大的挑战给团队成员带来了不小的畏战情绪，尤其是原来英语基础薄弱的教员。在选拔团队成员前，牵头人不停地给他们打气，找一些专业网站上的核电及能源类的英语视频给他们学习，提高他们的语感，并且牵头人会和他们一起练习。在遇到专业词汇问题时，项目牵头人与他们一起找资源，高校的老师、研究院的同学都成了项目团队的专业词汇库。

第二个难题来得有点突然，外部翻译公司对核电专业词汇翻译的质量不高，核对稿子的工作量对于教员来说又是一个挑战，近四十万字的材料翻译出来的英文文稿对于英语基础不牢固的教员来说变成了无法完成的工作，这时只能依靠强大的华龙国际培训中心的资源，从那请来了两位英语最牛的大神级人物与项目团队一起核稿，效率翻了几倍。看起来无法完成的任务对于大牛来说却是“so easy”。

第三个问题来自视频制作，导演的要求很高，教员又不是职业的演员，以往也没有视频课的录制经历，双方的磨合花了整整一天时间，对进度的影响太大。项目牵头人与导演一起协商将拍摄的重心转移到理论的讲解，在模拟机上的演练作为视频课的一些讲解片段剪辑进去，对于整个课程的呈现没有太大的影响，还可以大大节约视频拍摄的时间，如果剪辑的过程中发现需要补充一些镜头，则还有充裕的时间来补拍。

4 结果

在计划的时间内完成了英文视频课程的开发与呈现任务，代表中核集团在 IAEA 提供的国际舞台上推介了“华龙一号”核电技术，展示了福清核电教员团队的技术能力和职业风采，提升了“华龙一号”以及中核集团、福清核电华龙国际培训中心的美誉度。

5 启示

成功的关键因素之一是建立了项目团队的愿景：代表中核集团在国际舞台推介“华龙一号”、展现福清核电培训能力。其二是项目团队建立了信任与合作的氛围，大家英语口语水平参差不齐，但是通过互相帮助、互相打气，一起提升，在微信群里推送好的经验和正确的词汇已形成了氛围。其三是大家在项目实施过程中都得到了提升，收获了自信心和成就感。

案例 13　福清核电安全稳定装置提前投运

毛　俊

1　背景

福清核电自 2020 年 6 月开始筹划安全稳定装置实施，参考宁德核电实施进度，原计划 2022 年 12 月份投运安稳装置。2022 年随着福清核电 6 号机组即将投产商运，公司 500 kV 出线总输出功率将达 6 678 MW。

2　问题

2021 年公司在编制 2022 年度涉网检修计划时意识到，2022 年 500 kV 线路检修将因线路稳态问题限制福清核电机组出力。为了解决 500 kV 线路检修时机组出力受限问题，并考虑电网迎峰度夏保电因素，福清核电安稳装置需要在 2022 年 6 月 30 日前投运。安稳装置是继保跳机装置，切机信号的接火调试验证涉及多项高风险工作。福清核电安稳装置实施迫在眉睫，时间紧、任务重、风险高。

3　行动

3.1　领导者重视，合理调整计划，紧密跟踪推进

面对挑战，公司某副总经理 B 高度重视并设定目标，公司 2022 年将安稳装置实施作为公司年度重大项目推动，成立了稀有操作（IPTE）项目组。

生产计划处将安稳装置实施作为处室 TOP 工作跟踪管理，先后两次组织升版安稳装置工作计划，优化进度计划，将投运时间节点提前。2021 年 11 月至 12 月，生产计划处编排进度周报，通报项目实施进展，督促商务合同处完成定标和外委总包合同签订，在 2021 年年底安稳装置进入

具体实施阶段。2022 年安稳装置项目组建立周进展通报制度，通过邮件每周通报项目进展、存在的困难和须协调事项。2022 年 2 月，安稳装置实施列入生产管理晚会行动项，每双周汇报进展，公司领导亲自推进，协调资源和遇到的困难。

3.2 领导者率先垂范，践行领导力

公司领导 B 作为专项小组组长多次组织专项组会议，协调解决项目推进中遇到的困难，讨论工作风险和预防措施，并亲自组织安稳装置联调沙盘推演。在安装联调期间，公司领导多次亲临现场观察指导工作，与现场实施人员讨论跳机装置接火的具体细节，充分体现了领导者深入生产一线、展现领导力的务实作风。

3.3 多部门积极协作，严控风险

为保证变更项目顺利完成，安稳装置实施成立专项组推动项目进展。专项组对安稳装置变更经过前期近 1 年时间的充分研讨准备，积极与电网沟通，制定技术方案和现场工作方案，高效完成了变更准备。为确保实施过程风险管控有效，公司成立稀有操作（IPTE）项目组，设备管理、运行、生产计划、维修、核安全等部门安排精干力量参与项目实施。各生产部门将积极落实安全生产责任，善思考、精技术，团结协作，严控风险。项目组先后编制安全管理文件、应急预案 20 多份，多次召开项目风险分析和讨论会，编制工作交底单和邮件近 30 次，确保工作风险全流程精细管控。近 30 项高风险作业全部安全受控，实施零偏差。

3.4 广泛调查研究，确定投运方式

对于安稳装置联调完成后是否投用问题厂内有很大的分歧。生产计划处调研结果是：福建省内火电安稳装置稳定运行 20 年未出现拒动勿动；秦山核电、宁德核电、大亚湾核电的安稳装置一直投用；通过南瑞继保厂家了解到，国内电力行业调度管辖安稳装置全部一直投用。通过查询电力调度规范、并网调度协议，明确了安稳装置属于保护装置，需要随线路运行一直投用。经过充分的调查研究，公司确定了安稳装置在日常期间投运。

4 结果

2022 年 6 月 29 日 14 时，在公司领导 A、B 的见证下，在设备管理

处、维修一处、运行一处、生产计划处等各处室人员的共同努力下，福清核电安全稳定控制装置正式投运，较原计划提前半年投运。

安稳装置的投运不仅能够提高电厂 500 kV 系统运行的安全性，同时解决了线路检修期间机组出力受限的问题，降低了线路检修期间的电量损失，为公司降本增效作出重要贡献。福清核电安稳装置投运后，后续线路结合大修检修每次可避免电量损失约 2.1 亿千瓦时，为公司带来可观的发电收益。

5　启示

设定目标后，领导者高度重视，并营造了一种积极的氛围，激发员工尽其努力，团结实现目标。

领导者应坚定不移地推动工作，以身作则，起到表率和引领作用。领导者亲自下现场，强化积极行为。

遇到问题，全面开展调查研究，对标同行，往往能开阔思路，找到可行的方案。

案例 14　带动员工积极投入档案工作数字化转型

施千里

1　背景

2020 年年底以来，国资委、中核集团、中国核电都相继提出了开展企业数字化转型工作的要求，2021 年 8 月 26 日，公司领导组织档案工作座谈会，提出了“档案工作数字化转型”的期望，要求档案人员抓住时代变化发展的契机，明确文档工作数字化转型的愿景，探索转型的方法，进一步提升档案工作服务标准和质量。

2　问题

档案工作数字化转型是一项新课题、新实践。档案工作数字化转型的愿景目标不清晰，档案工作人员固有的工作观念、工作思维习惯和工作模式需要更新，怎样带动员工积极参与这一新实践，都是档案工作数字化转型需要面对的重大挑战。

3　行动

要重点向档案人员阐明档案工作数字化转化型的必要性和重大意义，为员工树立档案工作数字化转型这一项新工作的愿景目标，充分激发员工的积极性和主动性，带动员工积极参与档案工作数字化转型这一创新实践。

3.1　确立共同愿景

在“十四五”期间，公司档案工作要实现“一个中心、两个转型、三个变化”。“两个转型”是指由被动服务向主动服务转型、由数据提供向知识服务转型；“三个变化”是指文档数据结构化、档案验收团队化和档案资产共享化。档案工作为福清核电员工及外部客户提供“快、准、灵”的档案知识服务，为福清核电实现数字化转型和高质量发展提供坚实的数据支撑和知识服务。确立愿景，达到思想认识上的统一，上下同欲，充分发挥员工的能动性。

3.2　提高员工素质

开展档案工作数字化转型的形势教育，增强员工的责任感、紧迫感、危机感。开展内外部档案工作数字化转型的基本业务培训和能力提升培训，丰富员工知识和技能，消除面对新事物的陌生感。

3.3　形成合作氛围

引导员工学习档案数字化转型涉及的先进技术和经验，通过学习分享、技术研讨、项目共建等形式，构建学习型组织，形成相互尊重、相互信任、相互帮助、相互激励的氛围，激发工作热情。同时，在评优、评先工作中，以工作业绩为主要导向，让员工心服口服。

3.4　发挥员工特长

根据员工不同特点，安排不同工作任务。例如，求知欲比较强的，安排档案工作数字化转型前沿资料的收集；对于喜欢信息和计算机操作的，安排档案智能化的实施工作，尽可能人尽其才，充分发挥员工的工作积极性。

3.5　尊重员工想法

以征求意见、头脑风暴、个别谈心谈话等形式，听取员工意见和建议，一方面听取和尽力帮助员工解决实际问题；另一方面听取员工对于档案工作数字化转型的意见和建议，集思广益，把员工的良好意见纳入档案工作数字化转型的总体方案。

3.6　实行绩效考核

定期对员工的数字化转型工作数量、质量、能力、态度和效益进行绩效考核，激励员工提高工作效率，提升员工个人业绩，实现整体绩效的提升。将考核结果作为确定员工晋升、奖惩的依据，让员工学有榜样、赶有目标。

4 结果

档案工作人员参与档案工作数字化转型的意愿强，参与的项目多，参与的深度逐渐加深，参与人员的收获也较大，越容易获得相关专利和成果奖项。档案工作人员积极组织、参与“实施制度一点通”项目，档案机器人项目、文档智能批分项目，声像系统项目等，全力开展档案工作数字化转型，成绩显著，可助力员工个人在职称和职级上的提升。

5 启示

成功的关键因素是确立档案工作数字化转型共同的愿景，开展档案工作数字化转型的形势教育，开展档案工作数字化转型相关项目，以项目吸引员工、锻炼员工、成就员工。

（1）确立共同的愿景目标是带动员工积极参与的关键。员工越了解愿景目标，归属感越强，越能发挥员工的主观能动性，把目标变成现实。

（2）加强形势任务教育，增强员工的责任感、紧迫感、危机感。同时，宣传典型经验，感染激发员工，激发员工的积极性，奋勇当先。

（3）实行绩效考核，奖励先进，促使员工为实现目标而积极奉献，有助于调动员工积极性。

案例 15　树立“全员大修”理念

王孟石

1　背景

随着发电量以及负荷因子的逐步提高，“安全”大修的同时，也必须满足“高效”的要求。公司“十四五”规划提出：加强大修队伍建设，提升大修核心能力，持续大修管理优化，创造一流大修业绩。因此，保证大修期间的人力资源，是各项工作的重中之重。

2　问题

大修期间机组状态变化快，设备检修状态复杂，信息传递量大，运行一处除大修机组相关人员外，其余人员参与度不高。在人员逐步减少的形势下，运行一处管理层，提出“全员大修”的大修理念。

3　行动

3.1　现状分析

“全员大修”要求运行一处每个人都参与到大修工作中，处管理层结合实际情况，分析出几点现实困难。

（1）人人参与大修的理念树立难

运行一处岗位较多，有些岗位和大修关系不大。以前的大修模式已形成固定思维。

（2）调动各岗位人员参与大修工作难

如何调动行政岗位、管理岗位和非大修相关技术岗位参与到大修工作中，如何分配大修角色，也是面临的困难。

（3）大修工作准备难

大修工作是“七分准备、三分执行”。大修准备工作多、知识杂，需要投入大量的时间进行准备。“全员大修”要求每个人都参与到大修准备中，才能在大修工作中发挥作用。

3.2 项目推进

（1）构建愿景，传递态度

运行一处管理层结合当前形势，对标行业标杆，提出“安全 30 精品 27 卓越 24”的大修愿景，把“全员大修”的理念多场合、高频率地传递给运行一处的每个人员。

（2）编制方案

组织编写专项方案，成立技术支持、新闻宣传、经验反馈、标牌管理、行为与记录以及安全 7 个专项组，每个专项组编制到人，切实做到全员大修。

（3）建立过程监督

大修前，开展”大修夺宝答题“活动，督促人员对大修知识进行学习与准备。运行一处管理和大修组人员不定期对大修准备工作进行抽查，掌握大修准备情况。

（4）标准化沙盘推演

建立标准化的沙盘推演制度，运行值大修前和大修执行过程中，开展推演活动，熟悉各项大修工作。

4 结果

（1）项目取得成功

“全员大修”的理念得以落实，204-206 大修业绩稳步提升，运行相关主线工作不断刷新纪录。

（2）员工能力提升

员工的大修能力得到提高。

5 启示

领导者要能清晰地分析当前形势，提出卓越的愿景，调动每个人的积极性，挖掘员工潜力。

案例 16　质量控制领域荣誉实现 0 的突破

王　伟

1　背景

2021 年以前，运行一处在 QC 领域中未有荣誉建树，部分人员认为运行人员的主要工作是保证机组安全稳定运行，难以在 QC 小组和质量班组活动上取得佳绩。为提升运行人员质量意识，扩展质量保证思想落实到安全生产活动中，持续深入推进“QC 小组和质量信得过班组”活动等群众性质量改进活动，打造处室质量管理品牌，系统提升质量改进能力，以质量改进驱动质量水平持续提升。在近几年，运行一处 QC 活动频获佳绩，取得了“国际质量管理小组发布会国际金奖”及“全国质量信得过班组”等多项国际级和国家级荣誉，大大提升了运行人员坚持质量保证和持续追求卓越的意识，为培育高素质职业化运行人才队伍、保持运行优秀机组业绩奠定了坚实基础。

2　问题

质量管理小组活动准则复杂，内容多，处室精通准则的人员较少；处室人员参加质量相关培训后未开展活动，导致不能将培训收获与实际相结合；处室人员组织开展活动后未按照要求编写报告，因此，所形成的报告不能满足准则要求。

3　行动

3.1　现状分析

经初步调查发现，处室大部分人员对开展 QC 小组活动的积极性不高，参与 QC 相关活动的人员较少，在 2021 年以前运行一处未获得过

QC 相关的奖项。以往参与公司级比赛并获取荣誉的大部分为维修领域人员，他们经验丰富，报告质量较高。而运行一处参赛人员缺乏相关经验，提交报告质量不佳，所获荣誉少，内生动力不足。

3.2 项目推进

（1）带头行动

分析现状后，管理人员作出表率，带领团队开展 QC 相关活动。管理人员积极组织 QC 小组成员参加相关标准培训与研讨班，运用 QC 知识和统计工具，注重对问题解决型活动程序的理解，提高分析解决现场长期缺陷的能力。QC 小组成员顺利建立课题并完成活动计划的编写，并按照活动流程开展各项活动。

（2）全面开展

主要从以下 3 个方面开展工作：

1）组织在处室内部开展“QC 大讲堂”，结合处室工作向 QC 小组和质量信得过班组讲解 QC 基础知识；

2）组织编制处室 QC 活动计划跟踪表，及时按照要求完成活动总结，避免临近比赛编写相应材料；

3）通过紧扣现场工作，有力有序地组织和推进 QC 小组和质量信得过班组活动的开展，提升人员质量意识，培养质量管理人才，孕育质量班组文化。

（3）项目实施

确定课题后，管理人员指导各小组组长带领小组成员制定活动计划、确认主要原因、制定对策表并让对策有序开展，从而达到良好的效果。

运行一处积极开展 QC 小组活动，并多次组织修改与完善，同时积极组织研讨与排练，QC 小组和质量信得过班组活动得到有效开展，并通过公司筛选，顺利推荐到公司、省质协等各大平台参加比赛。

4 结果

（1）项目取得成功

1）运行一处先后获得的省部级荣誉有：

2021 年 8 月，荣获“福建省质量协会 QC 小组成果发布特等奖”（卓越运行 QC 小组）；

2022 年 7 月，荣获“福建省质量协会 QC 小组成果发布特等奖”（卓越运行 QC 小组）；

2022 年 7 月，荣获“福建省质量协会 QC 小组成果发布一等奖”（水龙头 QC 小组）；

2022 年 7 月，荣获“福建省质量协会质量信得过班组特等奖”（运行支持班）；

2022 年 7 月，荣获“福建省质量协会质量信得过班组一等奖”（运行四值班组）；

2022 年 5 月，荣获“核工业工程勘察设计行业质量管理小组成果评定活动一等成果”（卓越运行 QC 小组）；

2022 年 5 月，荣获“核工业工程勘察设计行业质量管理小组成果评定活动三等成果”（水龙头 QC 小组）；

2023 年 4 月，荣获“中国核工业集团 QC 小组大赛一等奖”（卓越运行 QC 小组）。

2）运行一处先后获得的国家级荣誉有：

2021 年 10 月，荣获“全国 QC 小组成果发表专业级成果”（卓越运行 QC 小组）；

2022 年 7 月，荣获“全国 QC 小组成果发表专业级成果”（卓越运行 QC 小组）；

2022 年 7 月，荣获“全国 QC 小组成果发表专业级成果”（水龙头 QC 小组）；

2022 年 12 月，荣获“全国质量信得过班组”（运行支持班）荣誉。

3）运行一处获得的国际级荣誉有：

2022 年 12 月，荣获“2022 年第 47 届国际质量管理小组发布会国际金奖”（卓越运行 QC 小组）。

（2）员工能力提升

运行人员分析问题、解决问题的能力进一步提高，质量意识显著提升，在获得荣誉的同时，也将 QC 的思想和方法运用到实际生产活动中，解决了诸多现场实际问题，助力机组安全稳定运行。

5 启示

领导者应当在团队中明确地指出提升方向，即便团队未意识到自身的潜力，领导者也应坚定不移地推动工作，以身作则，起到表率和引领作用。

领导者应当不满足于现状，探索团队更多的可能性，带动团队在新的领域取得更大进步的同时，也会对现有领域的工作产生新的帮助。

案例 17　引领运行创新开局破题

王　伟

1　背景

国家大力推动信息化新技术（云计算、大数据、物联网、人工智能、区块链）与实体经济深度融合，2021 年 7 月公司发布的《福建福清核电有限公司智慧电厂建设规划》中明确提出，到 2030 年，核电运行、维修、设备、安全等生产领域智慧化水平达到行业领先水平，全面建成智慧核电厂。

2　问题

运行人员工作特性决定了运行人员看待和解决问题偏保守，创新意识欠缺，缺少科技创新应用的经验和信息交流途径，缺乏守正创新主动作为的精神。

3　行动

为贯彻落实中国核电、福清核电创新工作部署，确保运行领域各智能化应用场景的落地，全面提升福清核电运行管理信息化水平和管理工作效率，结合运行工作应用场景，组建运行创新团队并制定专项激励考核制度。

3.1　组建运行创新团队

组建运行一处创新工作组，由处室负责人担任组长，从人才保障、工作规划、项目要求等方面进行谋划，致力于提升机组安全可靠水平、提升运行工作能效，重点推进信息化、数字化、智能化创新项目，统筹推进运行一处创新相关工作，助力福清核电智慧核电建设。通过专项研讨、业务交流、对标交流以及头脑风暴等方式收集创新项目，涵盖技术、管理、党建等方面，形成运行一处创新项目库并不断完善更新。

运行一处创新工作组以专项组方式运作，协同高级值长工作室、运行值班员技能与创新工作室等打破科值界限，凝聚创新人才，优化配置资源，坚持“引进来”和“走出去”的工作理念，营造创新氛围，持续推动运行创新工作更上新台阶。

3.2 建立专项激励考核制度

编制《运行一处创新工作专项激励与考核管理规定》，明确激励措施，提高处室人员对科技创新工作的参与度。除公司科创奖励外，处室创新工作组将根据科技创新的应用效果，进行处室内部的专项激励。

通过对表现突出、获得荣誉的团队和个人进行专项的激励，使其享受相应的职级晋升、年度全员绩效考核评优等激励，引领全处人员争先创优，有更大作为，做出更大贡献。

4 结果

通过持续完善运行一处创新工作机制和激励制度，运行一处先后推动 14 项创新项目开展；2 项科研项目已通过验收、2 项企业标准通过审查并发布、获得授权专利十余项；“卓越运行”QC 小组荣获“国际质量管理小组大会金奖”；机器人巡检已在高压开关站和除盐水厂房现场得到应用；智能工器具柜已在值班室投入使用；运行无纸化作业正在逐步实现。创新成果不断涌现，“稳态参数检测平台”等创新成果在福建省百万职工“五小”创新、国企数字场景创新专业赛、中核集团第二届科技创新大赛等比赛中均取得不错成绩。

5 启示

创新工作开展从组织和激励两个方面同步推动，以专项组和专项激励的方式促进运行创新工作开展。领导者保障工作开展所需的资源，针对做得好的个人或团队及时进行专项激励，从而带动更多的人参与到创新工作中，实现运行工作全面创新的良好局面。

案例 18　大修计划管控精细化管理

王再根

1　背景

大修计划工作受制于人力配置不足、人员流动大、大修工作衔接紧等因素，计划编制工作经常处于滞后状态，这对人员的深入计划管理工作也不利。在这种情况下，须组织科室人员对内部工作进行节点进行控制，以提升工作质量和效果。

2　问题

计划编制工作经常滞后，无法快速完成工作，编制质量也不高，处于前松后紧、应付工作的状态，大家对于计划的优化工作思考更少。

3　行动

3.1　现状分析

项目最初推进缓慢。计划工程师对于计划编制只有一个后墙时间，没有中间过程控制，往往出现临近大修才开始突击编制计划，导致计划讨论不够充分，容易出现纰漏，给大修执行带来困扰。

3.2　项目推进

针对这些问题，首先是按照大修时间安排，明确计划编制的责任人，计划需明确大修的责任人、时间要求和质量要求。针对每次大修计划编制，制定了标准的计划编制控制节点，也包括编制的要求。在制定这个管控计划的时候让科室人员参与充分讨论，考虑可能的制约因素。

其次，每次大修计划编制涉及主线计划、核岛计划、常规岛计划三个主要计划的编制，通过明确主线计划负责制，对整体计划进展负责，形成计划编制的小团队。

大修计划一旦定下来就要严格执行，每周召开科室例会，跟踪进展，讨论制约，并针对制约讨论达成一致解决方案。针对编制过程中出现的因为各种突发工作导致的进度滞后，不轻易放松，后续节点仍然按照原计划推进。对于完成质量好的人员及时进行激励表扬。在编制大修计划的过程中，如果出现困难点，及时参与讨论，给出解决方向。

4 结果

最终计划按期完成，且编制人员都能提出不少改进措施，在大修前的准备工作也更加从容。后续也以实际实施过的计划为模板，作为每次大修计划编制控制的参考。

5 启示

责任明确了，行动才会更加有效；制定目标后不要轻言放弃，最终才能取得较好效果；适时的激励能提升员工的积极性，并有利于目标的完成。

案例 19　首创性班组长核职业素养研讨项目开发

吴李兴

1　背景

福清核电自 2018 年开始实施处科级管理人员核职业领导力研讨班（NPDS），已逐步成为行业内有一定影响力的品牌培训项目。2021 年，公司提出希望针对班组长实施类似的研讨班，培训处领导评估后认为有必要开展，并将该任务交给了基础培训科。

2　问题

行业内针对班组长往往开展一些常规的管理类培训，尚无开展针对班组长领导力培训班的先例；对科室内部如何策划一个全新的培训项目缺少明确的思路；科长初步选择两名下属参与本项工作，但两人主动承担本项工作的积极性不高。

3　行动

3.1　现状分析

初步调查行业内针对班组长开展的一些培训项目和培训课程发现，开展的培训往往是较为常规的管理类培训，而行业内针对处科级管理人员实施的核职业领导力研讨班，存在适用性不足的问题。

科长希望一名下属和他一起组建项目组来推进班组长培训项目，也是想借着这次机会培养下属。当科长分派该下属接受本项任务时，下属对困难产生了畏惧感，项目最初推进缓慢。

3.2　项目推进

（1）带头行动

科长经与下属沟通，认识到下属暂时没有思路，同时也有一些畏难情绪。于是，科长投入了更多的精力，运用系统化培训方法（SAT），从需求分析、大纲设计、课程开发、培训实施、评价反馈全流程来策划班组长领导力培训项目。初步搭起框架、制定了工作方案，并与下属就后续如何开展各项工作进行深入沟通。

（2）调查研究

着手开展3个方面的调查：

1）分析国家法律法规、中核集团对班组长的培训要求，以及本电厂班组长岗位培训大纲，查阅近几年外委实施的班组长培训项目文件等；

2）对设置班组长的部门开展人员访谈，访谈相关部门处长6人、科长11人，了解班组长上级对班组长的期望和能力要求，征集开展班组长培训的意见；

3）通过梳理主要能力需求和对应课程作为主要选项，对班组长进行问卷调查，收到103个人的反馈。

当科长完成前期工作并带着下属一起完成需求调查后，似乎一切步入正轨，下属对本项工作开始不那么畏惧了，很多工作他也可以单独推进了。

（3）项目实施

确定课程清单后，结合班组长层次和实际工作性质进行课程开发，项目组组织各个课程小组分别进行课程研讨、教员试讲，持续对课程打磨。

正所谓“七分准备、三分实施”。在前期需考虑教员安排、研讨活动安排等方面的诸多细节，完成编制培训计划、学员手册，并多次进行沙盘推演。准备充分了，项目实施得以顺利进行。

4 结果

（1）项目取得成功

2022年，作为行业首次实施的班组长核职业素养研讨班取得圆满成功。学员针对本岗位认真思考、提交学习成果，受到公司总经理的赞赏和表扬；多名部门负责人参加了学员结业仪式，在听取学习成果汇报后，对学员学习成果高度认可，对培训班活动赞誉有加。

（2）员工能力提升

承担本项工作的下属，从最初对该工作充满畏难情绪，到后来能在项目实施过程中独当一面了。

5　启示

领导者不是所有时候都应该冲在前面，但是，当团队面临困境的时候，领导者应该义无反顾地站到前面，起到表率和引领作用。

坐着想都是问题，调查研究了就会有答案。在没有清晰思路的时候，项目人员开展了深入的调查研究，很快思路就开阔了。

案例 20　激发能动性　自主完成发电规划平台研发

杨伟伟

1　背景

2020 年 4 月，生产计划处提出的信息化建设需求“福清核电发电规划平台”。就平台建设采取外委开发还是自主开发的路线，信息文档处负责人和需求负责人针对员工主观能动性和职业发展以及困难的克服等主题进行了一场较为深入的讨论和交流。通过推心置腹地沟通和对未来职业发展的规划和鼓励，对困难的分析和应对策略的思考，并予以配置充分的支持资源，最终成功说服需求负责人采取自主开发的形式，尝试全部由其开发平台前后端和数据库，科室随时协调资源做好技术支持准备。经过近半年的努力，项目负责人成功完成平台的独立开发测试和部署上线，经用户部门验证，完全符合预期效果。

2　问题

发电规划平台是由生产计划处提出的部门级信息化建设需求，旨在通过建立核电厂调峰调停的模型系统，实现在不同业务场景下对核电厂多机组参与调峰调停的最优排序，为核电厂发电计划提供调峰调停的参考建议，以达到快速响应电网要求，在保障核电厂运行安全的同时，减少机组运营成本，使发电利润最大化的目的。平台包括调峰调停策略自动排序、机组燃耗跟踪、发电量统计计算、最大发电能力测算、年度/月度发电模型等功能，有一定复杂度。如果外委开发，成本预计为 50 万～100 万元，工期为一年。项目负责人之前没有独立承担过软件开发工作，从事的多为项目过程中的需求分析收集、项目管理、上线准备和系统运维等工作，所以新任务很有挑战性。作为其本人，最简单的策略肯定是通过外委，自己只需要负责项目立项和管理性的工作，难度大为降低，成功率高，自己所需要承担的失败的风险和压力很小。同时，也没有管理程序要求一定要自己独立开发不允许外委，所以其个人开始是趋向于项目外委的。

3　行动

通过单独的面对面交流，敞开心扉地沟通，换位思考，部门负责人从以下几个方面来帮助员工建立信心，放下思想包袱，鼓起勇气勇挑重担。

3.1　对系统需求的分析

系统地对该平台的需求进行了分析，使员工对平台的认识回归理性，让员工认识到工作量是在可控和合理的范围内，工作目标是可达成的。

3.2　对平台开发困难和失败风险的分析探讨

对独立开发可能面临的困难和风险的分析，诸如，对开发平台不熟悉，对需求不理解，或者业务部门没有足够的时间配合等，一一进行分析，并制定了应对方法，提前让员工认识到面临的风险是可预知的，不是不确定和盲目的，认识到目标的达成困难程度没有预想的那么高，或者说风险是可管控的。

3.3　对资源和支持的承诺

对过程中可能需要的资源进行了分析，比如，学习和准备过程中可以借鉴的很多网络上的视频资源，遇到问题需要咨询的软件开发专家等，都进行了指导，并承诺做好支持和资源协调。

3.4　对未来发展和规划的分析

换位思考，从员工自身未来的职业发展角度，和员工推心置腹地沟通，鼓励员工通过实际的工作，勇于接受挑战，出成果，出业绩，为将来搏一个好发展。

4　结果

最终，发电规划平台由项目负责人独立一个人开发完成，包括前、后台和数据库端，完全的自主开发。过程中，从开始自学到动手尝试以及和运行部门的需求分析沟通，部门负责人也都时常参与其中，但主要工作均由项目负责人自己完成。经过半年多的努力，平台一期功能模块于 2020 年 12 月交付业务部门，成功上线运行，如图 1 所示，平台二期功能模块于 2021 年 11 月完成开发优化，上线运行。在解决业务部门自身需求、提升工作效率，助力生产计划工作更上层楼的同时，为公司节省了近百万元的外委开发成本，形成了完全自主知识产权的软件平台和解决方案，为将来可能的对外产品化推广奠定了非常好的基础。

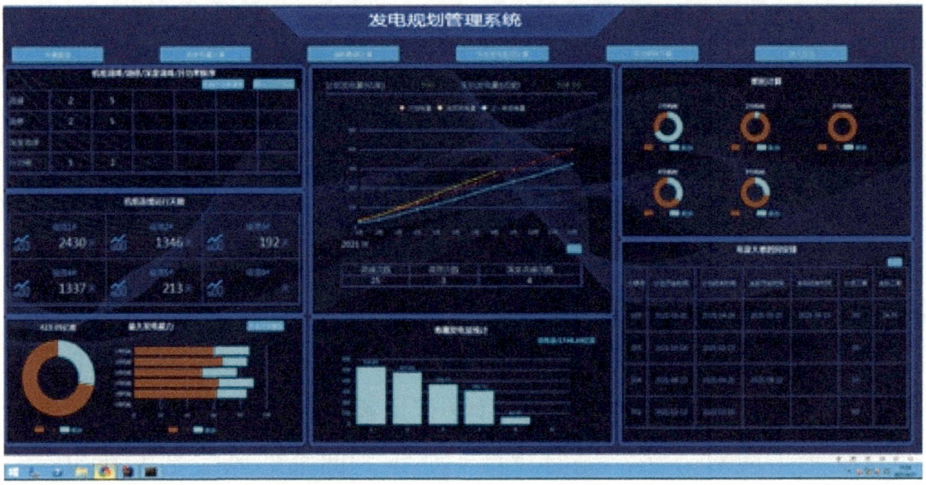

图 1　发电规划管理系统

5　启示

全面系统地分析，站在员工的角度考虑问题，系统地提出工作策略和保障措施，减轻员工对失败风险的压力，合理协调资源，激发员工能动性和创造力。

案例 21　提前识别标高较高设备问题的解决

臧　乐

1　背景

运行部门实施检修工作的隔离一般安排在工作开展前一天的晚上实施，工作负责人则在隔离实施后的上午开始工作。但有时会遇到无法对标高较高的设备直接操作的情况，需要安排搭设脚手架，从而无法及时完成隔离，导致工作负责人无法按原计划开工，对计划的严肃性造成了挑战。

2　问题

为了解决提前识别标高较高设备的问题，运行部门白班值收集整理了标高较高的设备清单，并在预置隔离时一一比对隔离指令和清单，提前识别并安排搭设脚手架。制定措施并实施后的三个月内，又发生了因为设备标高较高导致无法按时完成隔离的情况。

3　行动

3.1　现状分析

初步调查行业内针对提前识别标高较高设备的实践，从系统层面进行识别提示的较多，要求人为防控的较少。而当前采用的 EAM 系统并不具备标高信息录入的功能，因此无法通过 EAM 在系统层面实施管控。

通过梳理清单，人为对比控制隔离进展的方式，存在人因失误的可能和效率低下的问题，因此单一人防屏障难以有效实现管控。

副值长希望一名下属和他一起组建项目组来推进解决该项问题，也是想借着这次机会培养下属。当副值长分派该下属接受本项任务时，下属在已经失败过一次的情况下，对困难产生了畏惧感，该问题最初解决进度缓慢。

3.2 项目推进

（1）带头行动

副值长经与下属沟通，认识到下属暂时没有思路，同时也有一些畏难情绪。于是，副值长投入了更多的精力，从需求分析、实现方法、现有资源、改进可能性等方面策划解决该问题的思路，初步搭起框架、制定了工作方案，并与下属就后续如何开展各项工作进行深入沟通。

（2）调查研究

着手开展了3个方面的调查：

1）探索通过更高的层面（如计划层）对设备标高较高设备进行管控的可行性；

2）探索通过多道人防屏障进行设备标高较高设备管控的可行性；

3）探索通过EAM以外的系统（如eSOMS系统等）实现对设备标高较高设备管控的可行性。

当科长完成前期工作并带着下属一起完成需求调查后，工作进展明显顺利，下属对本项工作也有了一定的信心，开始积极推进解决问题。

（3）项目实施

确定调查方向后，结合实际工作需求和现有资源进行了逐项的调查和研究，项目组组织各个工作角色进行沟通和研讨，持续寻找可行的解决办法。在项目实施过程中，副值长始终引领员工共同思考，调查和研究，即便想法多次碰壁，也能继续推进该项目，项目实施得以顺利进行。

4 结果

（1）项目取得成功

经过多次实践和检验，终于确定如下方法：在eSOMS系统的设备信息中“房间号”栏目内，运行部门自行加入脚手架备注的字段，这样可以在隔离系统内实时显示设备的标高情况。白班隔离经理提前预置隔离时，鼠标从上至下扫过隔离指令，即可看到哪些设备需要提前搭设脚手架，从而在隔离准备期间就能看出设备操作是否需要脚手架。此操作较为简单且速度快，也不需要去核对清单，大大减少了隔离经理在完成此项工作时耗费的精力。

通过上述手段，有效解决了无法提前识别标高较高设备的问题，同时未给隔离经理带来较多的负担，既保障了工作计划的严肃性，也减少了维支人员的 On-Call。该解决方案实施后，未再出现因设备标高较高导致无法按时完成隔离的情况，该解决方案得到了电厂人员的一致认可。

（2）员工能力提升

承担本项工作的下属，从最初对该工作充满畏难情绪，到后来能在项目实施过程中积极推进，并提出了很多建设性想法，为项目的成功做出了巨大的贡献。

5　启示

优秀的领导者不必事事亲力亲为，但在团队遭遇挑战的关键时刻，必须挺身而出，担当责任。在多次探寻办法均不可行的情况下，领导者要持续引领团队继续探索，吸取之前失败的经验，开阔思路，通过创新的办法获得最后的成功。

案例 22　培训设施使用满意度提升

张明辉

1　背景

福清核电培训处培训管理科负责培训中心（EA 楼）培训设施的管理和使用安排工作，并安排专人（培训设施管理员）负责，2021 年起对培训设施使用方面的意见和建议逐渐增多，培训管理科认真组织分析，开展培训设施使用满意度提升工作。

2　问题

培训中心（EA 楼）自 2011 年投入培训使用，培训设施老化对使用的影响日趋增加，而且设施管理方面应对措施不足，经常收到各部门对设施使用的意见反馈，培训处培训管理科虽然讨论并制定了一些改进措施，但实际提升效果不明显。

3　行动

3.1　现状分析

培训管理科制定了《培训设施管理》程序来规范培训设施的使用和管理，通过 FFBUS 系统进行教室的使用安排，并安排 1 名同事作为设施管理员，专职负责培训中心培训设施的使用管理工作。培训中心教室主要设施包括计算机、投影仪、音响系统、桌椅等。

各部门设施使用反馈的意见主要包括计算机/投影仪临时故障、教室安排冲突、维修不及时等。

3.2　提升行动

（1）沟通与调研

科长与设施管理员坦率沟通，并对一些典型的设施使用意见进行了分析，通过与设施管理员的交流，了解到设施管理员在以下方面与期望存在差距：1）执行《培训设施管理》相关要求存在执行不到位的情况；2）对使用培训设施的人员行为未做约束，未按要求使用设施的行为被默许；3）设施的老化管理不足，未及时更新设施设备。另外，科长本身也认识到对培训设施管理关注度、重视程度存在不足。经过充分沟通，科长提出设施管理期望。

科长、设施管理员与主要的设施使用对象进行了调研，进一步收集使用人对培训设施的具体需求和建议。

（2）领导者做表率

科长在提出培训设施管理期望后，从以下几个方面带头示范，发现并解决培训设施管理中遇到的典型问题。

1）带头做培训设施巡检，以实际行动向设施管理员解释对培训设施进行检查和准备各项要求，并传递管理期望。

2）明确设施管理中的权利和责任，确保按程序要求安排使用设施，对于未申请使用、使用后未恢复设施状态等情况处理方式进行了明确，不服从使用管理的申请人后续不再安排使用。

3）对设施老化问题进行全面排查，建立了培训中心设施的健康台账，详细记录每一类设备设施的投用时间、预计更换时间、设施状态等信息，及时申报公司 IT 设备采购年度需求，确保设备及时更新换代。

（3）执行情况监督

科长每月进行一次设施巡检、使用安排的观察指导，发现问题及时纠正。对于长期得不到维修的设备，由科长进行协调督促，确保维修及时。

4　结果

经过将近一年的实施，培训设施管理效果显著提升，不仅建立了培训中心设施设备的健康台账，做到管理心中有数，而且以遵守设施管理程序为准则，规范设施使用人、设施管理人、设施维修人等各方行为，促进培训设施管理有序开展。最终，培训设施意见反馈从平均每周 1 次降低至约每两月 1 次，使用满意度持续提升

5 启示

领导者不能因为工作的简单而降低关注度，仅提管理要求而不确认期望是否有效传递。当出现偏差时，应鼓励团队成员找出差距，通过带头与表率，以行动诠释期望，共同制定提升的行动和举措。简单来说就是：领导者说了→领导者做了→员工信了→员工做了。

案例 23　挑战现状开展继电保护定值自主核算，降本增效提升人员技能

张绍久

1　背景

电气设备继电保护定值是继电保护系统的核心参数，定值设置是否合理关系到在重要电气设备发生故障时能否正确动作以切除故障，进而保护设备和系统的安全稳定。根据电网每年系统参数的变化，需要定期核算涉网设备继电保护定值的合理性。

2　问题

保护定值计算整定涉及一系列复杂且专业的计算，工作难度大，对人员知识储备及技术能力要求较高，同行电厂一般委托设计院或其他专业机构进行计算并出具报告。鉴于该项工作每年都要执行，外委费用较高，每年进行外委流程复杂且经济性较差。如果能实现自主计算，对电厂的成本管控及人员能力提升将大有裨益。

3　行动

3.1　制定目标，突破现状

组织责任班组开展讨论，确定自主开展继电保护定值核算的可行性。经过讨论，大家一致认为自主核算是可行且必要的。

3.2　培训学习，取经求道

2018 年，第一次外委某高校进行核算，班组人员全程跟踪参与，并在核算完成后开展技能培训，实现班组 3～4 名骨干成员掌握核算方法。

3.3 自主执行，巩固提升

2019 年之后，班组已可以自主开展每年的继电保护定值核算工作。

4 结果

截至目前，班组已连续 4 年自主开展核算工作。平均每年为公司节约成本 100 万元。班组掌握了该项核心技能，人员得到了较好的锻炼提升。在涉及继电保护动作的缺陷处理中，可以从定值设置合理性方面进行深入分析，减少知识盲点。

5 启示

领导者要敢于带领团队突破现状，设置合理的挑战目标，使团队实现更高水平的业绩和成果。

案例 24　基层科室工作作风建设实践

张智勇

1　背景

维修支持处维修管理科负责处室程序体系管理、安全管理、承包商管理、防人因管理、培训管理、预算管理、综合计划管理等工作，该科室有正式员工 5 人、综合助理 4 人。科室内外部工作接口多、管理性和服务性工作相融合、科室员工担当多个专职工程师角色。

2　问题

科室员工间有明确的职责分工，但相互协助、补位存在不足。科室员工在开展专职工程师工作中，提出管理要求多、提供服务资源少，主动服务意识不足。

3　行动

3.1　期望引领统一团队思想

一个团队需要有共同的工作理念作为正向指引，团队领导者与团队工作理念相互支撑、相互促进。维修管理科结合团队特点，制定了科室工作理念——协同实干，管理增效，该理念受到科室同事的广泛认可。在有同事工作出现低于期望时，通过科室例会，就具体事情，评议践行工作理念弱化情况，以此持续强化科室工作理念对行为的影响。

3.2　党员践行发挥示范作用

科室组建维修管理服务党员示范岗，设置维修管理服务党员示范岗服务台、调研走访回应群众关切问题、积极为处室员工与承包商人员提供高质量服务与管理支持产品，努力为现场一线工作人员减负增效。在科室 3 名党员的带动下，团队全员的服务意识日益增强。

3.3　清单承诺强化个人作风

在公司、处室组织开展作风建设的背景下，科室组织全员进一步识别工作作风弱化问题，通过专题会议开展“批评与自我批评”“互相提出改进行动建议”活动，最终全员按照 SMART 原则制定了个人强化工作作风 TOP3 行动清单。

3.4　文明公约构建阳光团队

科室针对团队办公室出现的一些具体问题，制定了“办公室文明公约”，办公室人员均签字承诺履约，互相提醒认真守约，公约仅有 4 项内容、百余字，但通过正式的书面形式予以明确，起到了较好的效果，对创建“文明、互信、正能量”的工作氛围起到了积极作用。

4　结果

科室员工勇于担当、认真履职，员工间能够较好地相互协助、互相成就，积极推进他人委托的工作。最终，科室安全管理工程师获得“2021 年度中国核电安全生产先进个人”称号；培训/预算工程师获得“2021 年度公司优秀培训工程师、优秀预算工程师”称号；综合计划工程师获得公司“2021 年度、2022 年度优秀计划员”称号；处室获得公司“2022 年度查找人因失误陷阱活动优秀组织奖”。

科室员工主动服务意识进一步增强，协调解决或解答承包商困难、问题 100 余项，明显减轻了培训授权工作负担。在处室月度维修管理工作测评中，测评满意度得分逐步提升。

5　启示

基层科室的工作作风是该团队负责人核职业领导力的一个重要方面。让员工积极参与其中，团队才能够更好地发展，员工也能够更好地成长。

第3章 营造团队合作、信任和合作的氛围（LE.3）

案例25　强化沟通，营造信任型团队合作氛围

崔　伟

1　背景

世界管理大师彼得·德鲁克曾说：“没有任何企业可以通过优秀的营销而弥补糟糕的管理”。随着公司组织机构改革，总经理办公室也调整为综合管理部，旨在加强各部门协作联系、消除信息孤岛、提高团队合作效率。

2　问题

某公司以往组织架构中，业务部门数量及人员占比较大，信息组织层级多、与职能部门壁垒深、区域公司地理、空间区隔大。由于各部门信息沟通链条长，极易产生信息差，出现“长鞭效应”，最终影响各级领导层决策，从而导致综合部内部及与各部门合作、信任、合作氛围受到不同程度的影响。

3 行动

3.1 现状调研

该公司以往信息传递部分流程冗余，部分流程没有明确的责任和标准化的执行方式。信息传递载体包含各类即时通信软件、邮件、公司内部 OA 系统等。以综合部为例，部分员工职责分工不明确，部门团队合作氛围不强烈，内部沟通方式不科学、效果不理想，无法达到同频共振，更无法与其他业务部门进行及时、高效的信息传递，从而影响为公司领导决策做好服务参谋工作的质量。

3.2 改进措施

（1）以“透明”作为信息沟通的首要原则

综合部将负责的除公司商密之外的所有信息全部“透明”，并实时更新。包含上级收文、公司内部发文、领导每周行程安排、各部门每周会议安排、子女入园入学及公租房申请等各种福利性政策。从根本上消除信息分歧，达成共识，从而获得各部门的理解和支持。

（2）加强部门全体人员学习培训，全面提升专业能力

以往综合部工作主要靠员工的主观能动性，自 2022 年起，综合部多次组织部门员工开展安全标准化培训、国有企业治理培训、公文培训，以办文、办会、办事流程为重点，对核安全文化、公司治理、行为规范、公文管理、会务组织、协调服务等内容进行了系统学习。每周召开部门例会，根据个人工作分工，组织全员开展“精讲五分钟”，并进行集中观摩和现场评比，达到了互学、互鉴、互促的目的，提升了办公室规范化、标准化、制度化工作水平。

（3）注重沟通技巧，主动作为，由管理导向转变为服务导向

综合部日常要处理大量的协调工作，只有抓住主要矛盾和矛盾的主要方面，才能顺利推动公司各项政策落地。综合部以沟通协调为突破口，部门负责人定期召开谈心谈话会，逐步扭转员工思想，随时提醒员工表达方式中的不妥之处，让部门员工深刻理解“一句话使人笑、一句话使人跳”，对接工作由上传下达变为主动介入、主动服务，极大地减少了职能部门和业务部门之间的沟通成本。

4　结果

综合部在 2022 年度 22 个部门 MKJ 考核中获得了 A 级。部门员工由各自为战逐渐转向团队战斗，职业技能也逐步提高，营造了良好的组织氛围。

5　启示

行出于己，名生于人。只有领导树立榜样作用，带领大家扎实苦练内功，讲人话、办人事，才有可能获得大家的认可。

案例 26　5 号机组补充热态功能试验组织和实施

贺英哲

1　背景

2020 年 5 月，福清核电 5 号机组调试启动过程中，在一回路水压试验、热态功能试验结束后，有异物进入 RCS 系统主管道，在对主管道进行切割取出异物后，需要执行补充水压试验和热态功能试验。上级要求，一回路补充水压试验由调试部门牵头执行，补充热态功能试验由运行部门牵头执行。

2　问题

福清核电 1～4 号机组及同行电厂调试启动过程中，未有运行部门牵头执行热态功能试验的先例，福清核电 1～4 号机组也没有过一回路水压试验与热态功能试验连续执行的先例。

系统、设备状态变化复杂，加上运行与调试规程体系的不同，在当前运行规程体系下，没有文件能够适用一回路补充水压试验后立即执行补充热态功能试验，需要新编一套专门用于补充热试的文件。

补充热态功能试验开始前，主要系统均未临时运行移交（Take Over for Temporary Operation，TOTO），系统管辖权限仍在调试人员手上，很多设备还没有正式标牌，系统在线难度大。

3　行动

3.1　调查研究，识别疑难问题

针对补充热试的特殊性，值长通过组织值内人员以小组讨论的方式进行调查研究，大家各抒己见，反馈补充热试过程中可能遇到的问题、难点，比如未 TOTO 系统在线分工及在线文件执行过程中各专业的配合问题，TMOD 寄存器、临时管线、疏水排气问题，主隔离、标准 TMOD、保护信号闭锁、QSR 定期试验执行等问题。组织调试召开"'华龙一号'补充热试协调讨论会"，确认协调、配合事项。

3.2　分工明确，大力推进

白班值内部分为启动组、日常组、规程组、试验组等各个小组。根据值内小组讨论会及"'华龙一号'补充热试协调讨论会"议定事项，由值长进行总协调，各小组分工明确，按计划推进补充热试各项准备工作。每周召开值内会议讨论补充热试准备进展、困难及待协调事项。

4　结果

由运行牵头组织，福清核电 5 号机组补充热试圆满完成，其间未发生跑水跑气、隔离安措实施错误、系统在线错误等事件。

5　启示

当团队面临困难、要打硬仗的时候，领导者应冲锋在前、主动作为、主动担当、敢于担当，营造积极向上的氛围，充分发挥团队成员的智慧、挖掘团队成员的能力，带领团队实现既定目标。

案例 27 确立金牌机组建设突击队模式，突破部门壁垒，协同确保机组安全生产

胡 彪

1 背景

在中国核电绩效引领下，福清核电 1、2 号机组从 2020 年开始实施“金牌机组”建设工作，公司领导提出目标与期望，各生产处室均以此为中心制定了行动措施，开始进行“金牌机组”建设的探索和实践。

2 问题

虽然各部门都从自身业务出发，制定了确保机组各项生产运行指标保持领先的具体措施，但是在整体表现上总是存在资源整合力度不够、目标不够清晰统一、流程不够精简、机组运营指标无法全面达到预期目标水平、在急难险重的处理上不够高质高效等问题。为此，公司领导期望运行充分发挥“主导生产”的引领性作用，协同各处室，形成合力，高效高质量实施金牌机组建设。此项任务由运行白班值组织策划实施。

3 行动

3.1 现状调查，找到发力点

白班值和各处室进行交流、沟通，调研各处室对建设金牌机组的愿景和实施方法以及存在的困难。在这个过程中发现，所有处室都围绕确保机组安全可靠运行制定了系列行动，都设置有“党员先锋岗”，都有人才发展计划，也都制定了具体的绩效指标。白班值由此得出结论：“充分发挥党员先进性，确保机组安全可靠运行”是所有部门的共同目标。

如果以此为发力点，由运行统筹谋划推进，将会充分发挥各个处室的作用，实现“1＋1＞2”的良好效果。为此，白班值开始着手实施以党建为引领，成立“金牌机组”建设突击队，以整合资源，精简流程，协同各个部门共同实施“金牌机组”建设，确保急难险重问题得到最优化解决。

3.2　创新形式，探索“金牌机组”建设品牌

（1）党建引领，协调各方

党代表最先进的生产力，党员是公司最先进的群体。通过党建联建的形式开展以机组建设为中心的系列主题党日活动，如联合厂房巡检、工单准备质量提升、防火门管理提升、工作风险控制等，加强各生产处室的沟通和协作，凝心聚力，协同奋进。

（2）突击攻坚，成果斐然

通过成立契合各项工作的攻坚突击队，协调各方保机组安全：

1）协同各生产处室成立“金牌机组”建设党员突击队，负责推进日常专项工作；

2）协同各生产处室成立大修攻坚突击队，负责大修主线工作和解决疑难问题；

3）协同各生产处室成立稀有操作项目组（IPTE），负责行业内首次或者高难度运行维修工作的实施。

（3）团结协作，建立品牌

为强化引领，保证机组安全可靠运行的中心工作，运行处从保证机组运行指标（WANO、ASP、FPI 等）、加强高标准厂房建设、促进人才培养等方面出发，提出“金牌机组”建设模式，即党建引领+“五个一流”（一流管理、一流岗位、一流厂房、一流人才、一流业绩），并得到广泛认可，起到凝心聚力的作用。

4　结果

（1）“金牌机组”建设模式取得成功

2023 年，由运行处牵头，维修、设备管理、维修支持等处室成立的 IPTE，成功完成行业内首次满功率在线更换 1ARE032VL 气缸隔膜和 2KCP505AR 柜内 FBM208 卡件。截至当前，1 号机组安全可靠运行超过

3 000 天，2 号机组安全可靠运行接近 2 000 天，持续领跑中国核电前两名，机组 WANO 综合指数继续保持满分。

（2）各部门沟通协同能力得到提升

在“运行主导生产”的协同引领下，使得员工沟通和工作流程均得到高效处理，资源得到充分整合，风险得到更好掌控，各部门在运行处的协调下更充分地发挥自身专业优势，更有利于机组安全可靠运行。

5 启示

不管一个团队的力量多么强大，缺少与之并肩作战的团队的沟通协同，单枪匹马是很难成就大局的。如果在共同目标、共同中心工作基础上善沟通、重协作，必然会产生“1+1>2”的良好效果，从而能更高效、更高质量地实现更大的组织目标。

案例 28　建立全面人因绩效管理模式降低化学领域人因失误

赖宏宇

1　背景

福清核电化学处承担 1～6 号机组的化学取样分析、化学控制、化学仪表维护、化学品管理和流出物管控等工作，其中将部分工作外委给协作单位执行。2021 年化学处共发生 4 起 C 级及以上人因事件，分别为 CR202103472、CR202114940、CR202121018、CR202153558。

2　问题

化学领域人因事件频发，给机组安全稳定运行带来挑战。

3　行动

3.1　现状分析

从化学处人员结构来看（图 1），协作单位人员占比接近 60%。经统计，2020—2021 年，协作单位员工平均核电工作年限仅 2 年，不足 1 年的占比超 50%，员工离职率高达 40%。协作单位员工占比高、核电工作年限短、

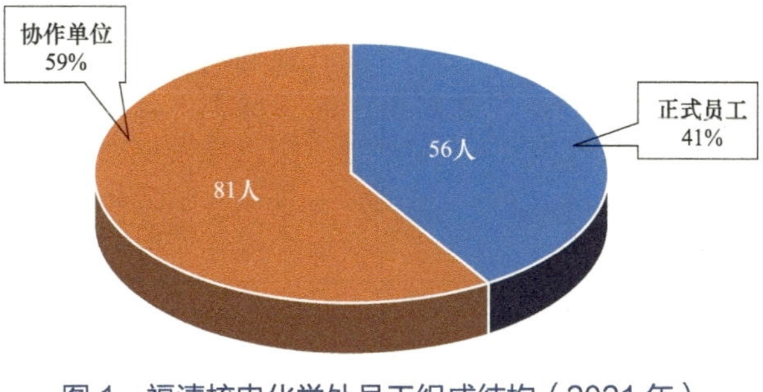

图 1　福清核电化学处员工组成结构（2021 年）

辞职率高等问题给化学工作的安全质量管理带来严峻挑战。2021年，化学处共发生4起C级及以上人因事件。经分析：事件的直接责任人均是协作单位员工。因此，协作单位员工人因失误频率高是问题的症结所在。

3.2 项目推进

（1）原因分析及要因确认

为实现公司下达的“零人因事件”目标，2022年初化学处成立“精细化学”管理改善小组，小组成员包含处科级管理人员及关键岗位骨干。小组运用头脑风暴、调查研究等方法，对问题症结进行了仔细的分析，从中找出了8条末端因素并逐一确认要因。详见图2及表1。

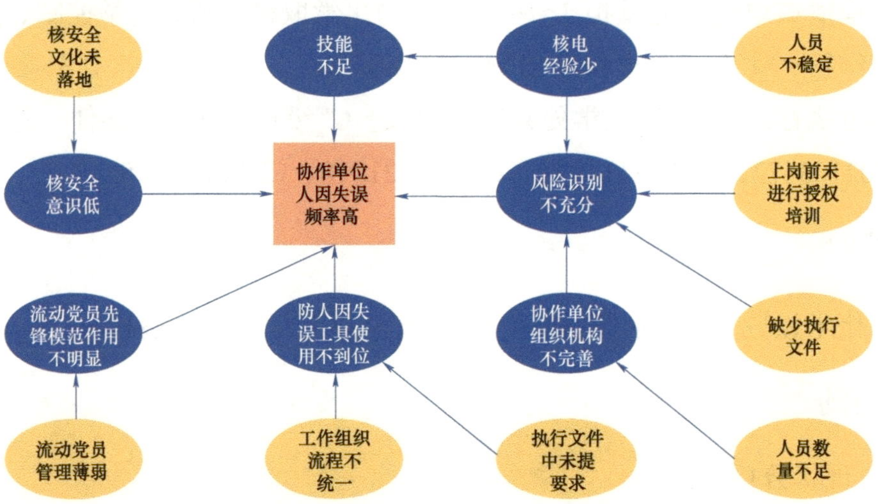

图2　C级以上人因事件发生原因分析

表1　末端因素确认表

序号	末端因素	确认内容	确认方法	确认过程	结论
1	核安全文化未落地	人因失误工具使用规范、人员行为规范	数据统计、人员访谈	对协作单位进行人员访谈，发现80%的人员对核安全文化十大原则内容并不清楚。通过观察指导发现部分协作单位不认可核安全文化理念，在工作中不愿意使用防人因失误工具	要因
2	流动党员管理薄弱	流动党员参加支部活动对比	数据统计	统计协作单位流动党员共6名，流动党员未成立党小组，未组织过党的相关活动	要因

续表

序号	末端因素	确认内容	确认方法	确认过程	结论
3	工作组织流程不统一	日常工作安排到人、风险提醒到位、培训实施有效果、安全活动定期开展	数据统计	对工作流程进行梳理，重点关注工作任务的触发、任务的安排、任务风险识别以及任务执行的情况。发现部分环节存在风险失控现象	要因
4	执行文件中未提要求	执行文件中风险提示明确	现场调查	对执行文件进行排查，所有操作文件均编制了详细的风险分析和预防措施	非要因
5	人员数量不足	人员总数满足合同要求	数据统计	统计协作单位员工数量满足合同要求	非要因
6	缺少执行文件	执行文件完整性	现场调查	对现场作业管理规定进行核实，明确要求 3 步及以上操作必须编制规程或者操作票等执行文件，经调查，该要求均能有效落实	非要因
7	上岗前未进行培训授权	授权证书	现场调查	对协作单位授权证书进行统计调查，未发现未经培训授权就上岗的情况	非要因
8	人员不稳定	离职率确认	数据统计	对协作单位在岗时间和离职率进行了统计，2021 年，协作单位员工离职率高达 40%，平均核电工作年限仅 2 年，不足 1 年的占比超 50%	要因

（2）制定对策

确定要因清单后，化学处制定的相应对策如表 2 所示。

表 2　对策表

序号	要因	对策	具体措施
1	核安全文化未落地	将核安全文化落实到化学工作中	提炼化学处特色核安全文化——“两不干、一严格”
			化学处管理人员带头讲授核安全文化
2	流动党员管理薄弱	提高支部对流动党员管理	现场协作单位流动党员纳入支部管理
			协作单位成立党小组

续表

序号	要因	对策	具体措施
3	工作组织流程不统一	完善协作单位工作组织标准流程	业主担任协作单位培训教员
			业主对协作单位排班进行确认
			周末和节假日业主班长带班
			业主担任各岗位负责人，组织召开每日班前会
			任务安排提前一天指定责任人
			定期组织双月安全例会、防人因演练
			建立星级评价制度和问题反馈奖励机制
4	人员不稳定	采取措施提高人员稳定性	建立月度绩效、大修和年终激励措施
			把控招聘环节，优先录用本地员工
			优化值班制度
			开展团建活动，增强凝聚力

4 结果

以上措施取得了良好效果，2022 年，化学处协作单位离职人数明显减少（从 2021 年的 40%降至 2022 年的 7.40%），未发生 C 级及以上人因事件，达成了年初制定的目标。

5 启示

1）领导者的责任：领导者在团队中扮演着重要角色，他们的决策和行动对团队的发展和成果有着决定性影响。当团队面临困难时，领导者需要有足够的勇气和决心站出来为团队引路，帮助他们克服困难，实现目标。

2）调查研究的重要性：遇到问题时，坐着空想往往不能找到答案。只有通过深入地调查研究，了解问题的本质和背景，才能找到解决问题的有效方法。因此，在工作中，我们应该注重调查研究，积极寻找解决问题的方法。

3）勇于面对困难：困难和挑战是工作中不可避免的。面对困难，我们不能逃避或退缩，而应该勇敢面对，积极寻找解决之道，只有这样，我们才能在困难中不断成长和进步。

案例 29　积极、大胆、赢得信任，建立良好的厂网关系

李洪滨

1　背景

2019 年为丰水年，降雨较多，公司发电环境较差，调峰损失达到 49.27 亿千瓦时，年度发电量目标未完成。2020 年公司制定的发电量目标仍然很高，“华龙一号”新机组按时投运的风险很大，又有 2020 年春节假期和突发疫情的叠加，用电负荷严重降低并持续较长时间，发电量偏离预期较多，导致 2020 年第一季度仍无法完成发电目标。

2　问题

2019 年 11 月份，我刚从运行一处调入生产计划处发电规划科工作，由于刚接手该工作，当时压力很大，深感责任在肩，压力和挑战随着外部环境变差而逐渐增大。刚接触电网，对业务并不熟悉，由于调峰次数多，日常业务联系较多，又因电网公司下午的作息时间与福清核电不同，电网方每天做曲线一般都在下午 5 点左右，此时福清核电已下班，我需要经常加班或者带着电脑在班车上编制和修改日计划曲线。有时与包网方专责沟通时多问几句，会出现对方不耐烦、态度不好的情况。

3　行动

面对当时的背景，如何缓解和改善当前情况，需采用一些举措来提升：1）要建立厂网相互支持理解的良好关系；2）提前熟悉大环境，有共同话题，做到换位思考；3）做好预判，宁愿做无用功，也要第一时间提供电网方需要的信息，赢取信任。

为了解决问题，我加强熟悉电网发电环境，面对外部环境换位思考，

全力支持电网方工作，将心比心地交流工作，赢得电网方的理解，找机会向电网方介绍核电关于调峰的特殊性和困难。

根据机组调峰情况，提前预想各种情况的发生，经常每天提前做几版发电曲线，放在手机里，只要接到电网方通知，便第一时间提供，及时满足电网方的需求。经过多次的磨合，电网方有时会反馈，福清核电效率很高，效果初步展现。

做好数据统计整理工作，把本省的同行核电的信息一并收集整理，这样一方面，两家核电的调峰信息可以进行对比，做到知己知彼；另一方面可以直接提供电网方，在每次向电网方汇报时掌握好时机和技巧。时间紧的时候，电网方会直接联系福清核电，直接问两家核电的信息，取得了信任，方便了工作。

4 结果

经与电网方沟通交流，建立了良好的工作关系和个人情感，深入研究电网负荷需求，大胆争取，改变电网原则性的调峰。邀请电网方赴福清核电开展党建联建，实地参观交流，进一步增强厂网间的了解和信任，尤其在“华龙一号”机组涉网调试试验窗口上给予了大力支持，没有因电网方面原因，耽误任何调试试验进展和损失电量。而且在 2020 年年底多省出现限电的大背景下，与省网做到互利共赢，在省网的强力推荐下，福清核电收到省工信厅发来的感谢信。

从 2020 年开始，后续机组所有大修全部实现第一时间并网，无论在负荷低谷、节假日期间还是反复因厂内缺陷多次并网不成功的情况下，均能够保证福清核电的并网需求。福清核电因缺陷降功率时，能够得到电网方的支持，提供检修窗口；电网方在下调峰指令时，能够和同行电厂进行对比，平等公平地下指令，择机减少机组调峰；在 2020 年第二季度末可以做到，面对相同情况的调峰曲线，可自行修改发布，有的时候不方便自行修改，可直接让电网方帮忙画出发电曲线。

5　启示

沟通是信任的前提，领导者与外部单位充分的沟通很重要。利用不同团队和个人的力量来鼓励团队合作和交叉领域合作，从而提高并优化电厂业绩。

领导者通过鼓励各级进行沟通、协作和交叉领域合作来推动团队绩效。要营造一种环境，在其中的每个人都要为团队业绩和集体的成功负责。

案例 30　防腐协作单位管理提升

李　华

1　背景

技术支持处防腐协作单位，承担机组日常及大修系统设备防腐消缺和防腐维护实施以及腐蚀检查评价工作，其队伍主要成员为劳务工人，总体文化程度不高，对工作要求的理解和接受能力较弱，安全意识不强，自主管理能力较差。为保证防腐工作安全质量全面受控，需要针对性地制定有效的管理改进和帮扶措施，以规范协作单位管理，提升协作单位自我管理能力和水平。

2　问题

2018—2019 年，在涂层维护项目、大修鼓网防腐处理项目实施中，由于协作单位对项目执行要求预期不足，出现项目服务安全质量不能满足电厂要求、不能按合同要求投入项目人力和物资等问题，同时存在工作中人员行为习惯和工作规范不足，如劳保用品穿戴不规范、执行工作指令不到位、安全意识较弱，与电厂程序规定和管理要求有较大差距，甚至出现违反程序规定的安全质量偏差和违章情况，突破处室年度安全指标。

3　行动

3.1　现状分析

针对 2018—2019 年防腐协作单位存在的问题及偏差，按照领域产生后果性质最严重、重复发生次数最多为原则，分析评估存在 TOP3 问题及偏差为：

1）劳保穿戴；

2）文件质量；

3）安全控制。

3.2　项目推进

（1）编制专项提升工作方案

2020 年初，针对协作单位存在的问题偏差，进行了根本原因分析并组织制定了《老化防腐科长期外委项目准备及协作单位管理提升工作方案》，通过建立标准化、精细化、规范化的管理考核制度，指导完善协作单位内部管理体系建设，培养提升协作单位自我管理能力，以提升协作单位人员核安全文化意识和高度的责任心，高效、有序推进长期外委项目的集中统一管理。

（2）实施联席早班会制度

2020 年建立了安全生产协作单位联席早班会制度，通过每日召开专业科室与协作单位联席早班会，明确每日工作计划管控、现场工作安全风险提醒和监督管理措施安排、经验反馈学习和管理要求宣贯，推进安全生产工作和管理抓落实。

（3）开展全员观察指导

为持续提高防腐协作单位人员的安全意识和行为规范，发现和消除现场工作风险隐患和人员行为不足问题，提升全员严格遵守管理程序的意识、养成规范作业的行为习惯，不断强化核安全文化认知和坚持高标准、高要求工作标准的管理期望，2020 年开始开展防腐班组、协作单位项目经理、安全员、QC 人员等“全员观察指导 + 回头看”专题管理提升活动。

4　结果

（1）协作单位管理规范化

指导协作单位建立并完善了内部工作组织、安全质量管理和培训相关制度提升，实施协作单位联席早班会制度，形成标准化、规范化的协作单位管理规范体系，协作单位自我管理能力得到了显著提升。

（2）有效跟踪监督评价

推进“全员观察指导＋回头看”专题管理提升活动，对问题改进效果和提升情况进行持续跟踪分析评价（图 1、图 2），2020—2021 年老化防腐科取得四次大修安全质量零违章、零偏差的卓越管理成绩。

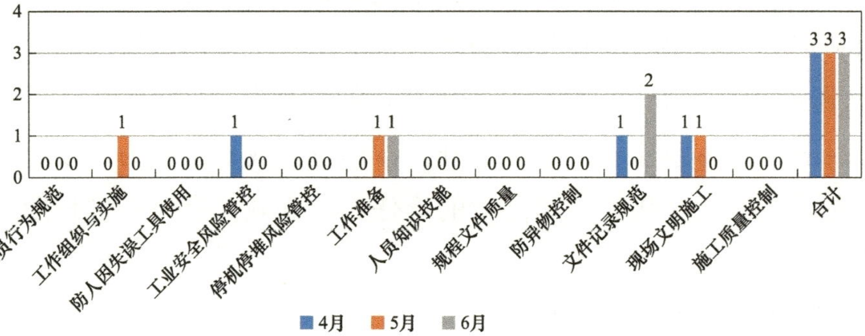

图 1“全员观察指导＋回头看”趋势分析图

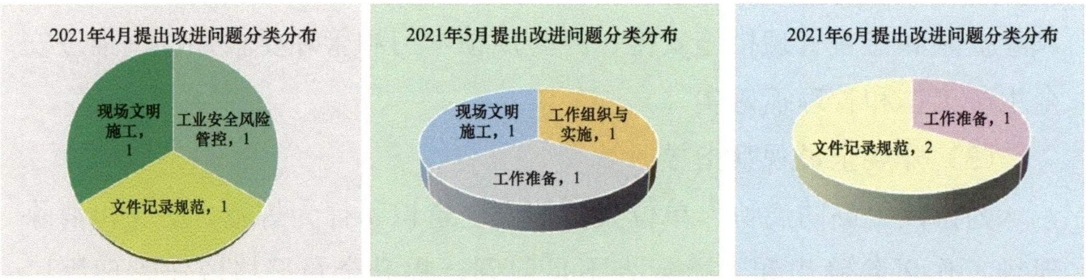

图 2 “全员观察指导＋回头看”问题改进分析

从图 1、图 2 可看出：2021 年 6 月主要改进问题为文件记录规范和工作准备，5 月和 4 月主要改进问题为工业安全风险管控、现场文明施工、工作组织与实施、文件记录规范，在下一阶段现场观察指导和人员行为规范提升活动中重点予以关注。

5 启示

调查分析掌握第一手实时数据信息是深入分析探究问题根本原因的基础，可为制定有针对性的管理改进措施提供依据。

建立规范工作制度，开展有效跟踪监督评价是协作单位管理持续提升的动力源泉。

案例 31　消防技能实操体验中心建设

马守来

1　背景

福清核电保卫处面临消防实操培训内容单一，现场人员对于消防技能掌握不足、对于消防工作重视度不足的问题。2020 年保卫处外出对标调研同行电厂以及地方消防的良好实践，集思广益，决定启动建设消防技能实操体验中心项目，保卫处负责人同消防科相关员工经反复论证，研讨方案，最终确定了建设方案，经公司认可，于 2020 年年底开展了建设工作，并于 2022 年 4 月份建成并投入使用，经过一段时间的培训运作，基本达到了预期目的。

2　问题

国内没有一家核电厂有完整的消防培训设施，国内其他行业个别企业也只是有包含部分消防知识宣传内容的安全展示厅。我们希望建一个消防领域完整的培训体系，硬件的培训设施必不可少，但建成什么样子、在哪里建都没有可以参考的样本。

3　行动

针对上述问题，保卫处启动前期规划和方案编制工作，具体的行动项如下：

1）安排人员到中国消防博物馆（北京）调研，博物馆是面向社会开放的，调研的重点是看对于普及类的消防知识展示内容有什么可以借鉴的；

2）调研目前有消防培训设施的企业，看他们建设了什么培训设施，培训使用效果如何；

3）联系消防培训设施生产厂家开展技术交流工作，开拓工作思路，设计满足现场生产消防培训需求的培训项目；

4）明确建设地点，规划建设规模。

基于公司专职消防队四楼宿舍区当时处于闲置状态，消防队院内广场场地比较大，消防技能实操体验中心又属于消防培训设施，通过体验中心建设，可以将公司专职消防队打造成可以树立品牌效应的消防培训基地。

因四楼宿舍区房间之间隔断打通后，可以利用的面积约为 800 m^2，真火训练室以及烟热逃生训练设施考虑建在消防队的广场上，通过处室内部多次讨论，明确建设一个总体面积在 1 500 m^2 左右的实操培训基地是可行的，能够容纳下计划建设的培训设施。

4 结果

2020 年 4 月，福清核电消防技能实操培训中心建设完成，除个别培训软件内容还需要进一步完善外，总体功能和效果达到了预期，并于 2021 年被世界核电运营者协会（WANO）东京中心确认为强项，明确世界上的核电厂还没有如此完整的消防培训设施。这个项目也得到了地方消防主管部门的认可，以此为基地，成功举办了福清市地方消防队的比武活动并承接了地方消防培训活动。在此基础上保卫处继续开展消防培训体系的完善工作。

图 1　消防技能实操培训中心实景

5 启示

工作思路决定了工作的方向，若没有考虑到消防技能提升培训，没有主动作为，就不会建设这个项目。工作中需要不断开拓思路，日常工作需要关注发现问题，但更重要的是解决问题背后的管理问题。

这个项目还有改进完善的空间，后期将同行电厂发现的典型消防隐患和社会上的典型火灾案例引入培训中心。另外，在实操培训中心的基础上建立针对不同岗位不同消防培训侧重点的消防培训体系。

一项工作思路，管理者的作用是非常重要的，首先管理者需要有想法，其次要引导和依靠员工积极思考解决方案，最后是内部积极沟通交流以及积极开展同行对标工作。

案例 32　有效沟通，率先完成科室新冠疫苗接种率 100%

沈　越

1　背景

2021 年，新冠疫情这场百年未遇的全球重大公共卫生危机依然复杂严峻。大规模疫苗接种，被科学界公认是阻断新冠病毒传播、最终结束疫情大流行的最有效手段。但在开展新冠疫苗接种工作时，员工对新冠疫苗接种普遍存在疑虑和观望心态，与公司及处室要求的“应接尽接”目标存在一定差距。

2　问题

维修一处维修管理科需在一个月内达成 100%疫苗接种目标。存在员工信息不对称、员工有畏惧心理等问题；同时存在疫苗接种排队时间长、疫苗紧缺的困难。

3　行动

3.1　从组织与个人角度，明确目标的价值，科室员工达成一致

从组织方面，明确了从核安全角度，如果电厂任意一个人感染，就有可能导致运行人员及现场检修人员大规模减员，以致对电厂安全稳定运行造成影响，在能源保供的政治责任下，当电厂安全受到影响时，将对社会面造成不可接受的严重负面影响。

从个人方面，通过各种渠道向员工宣贯和传达了德尔塔病毒对神经和器官的后遗症，印度因德尔塔病毒达到百万级死亡人数的情况，让员工清晰认识到传染系数之高，一不小心可能导致同事和家人的感染甚至死亡。同时不断向员工普及疫苗接种的优势以及对个人和社会

的意义及影响。

3.2 对于目标的达成，需要有及时精准的接种信息、合适的接种时间

为了达成 100%接种目标，需要有及时精准的接种信息和合适的接种时间。维修管理科科长首先完成了接种，并通过调研及与疫苗防控部门积极沟通，初步摸清了疫苗接种规律。向科室员工明确疫苗接种为第一优先任务，只要有疫苗接种窗口，随时可请假接种。同时通过科室员工主动在群里共享疫苗接种信息，及时分享无需排队的接种时间。

4 结果

维修管理科员工全部在第一时间完成接种，接种率首先达到 100%的目标要求，在处室内起到了良好的示范作用，在公司内部也属于第一梯队，获得了处室负责人及全处人员的点赞。

5 启示

领导者并非需要所有事情都冲在最前面，但是，当团队面临困境的时候，领导者应该义无反顾地站到前面，充分发挥模范带头作用，并为团队制定目标，然后带领团队去实现它。

案例 33 突破“卡脖子”问题，自主完成“华龙一号”ZDT 系统调试

吴新义

1 背景

福清核电 5、6 号机组设计采用了可降解废物处理系统（ZDT），可将福清核电厂内使用的可降解防护用品降解为二氧化碳和水，以降低清洗工作服的废液产生量和可压实干废物产生量，最终有效降低放射性固体废物产生量。根据采购合同，本系统的调试工作由 ZDT 系统供货商——美国 ETI 公司派工程师到福清核电现场完成。

自 2020 年以来，受全球新冠疫情和美方知识产权保护影响，ETI 公司美方工程师无法到福清核电现场开展调试工作，同时 ETI 公司明确指出，在没有美方授权工程师在场的情况下不允许开展系统调试工作。

国家核安全局在福清核电 5 号机组运行许可证文件中提出明确要求：2021 年 11 月 30 日前，提交可降解废物处理系统的调试报告。

2 问题

经福清核电多次协调，ETI 美方工程师的签证仍无法办理且美方不同意将逻辑图、程序组态图等重要技术文件发至福清核电现场，但 ETI 同意在其授权中方工程师在场时开展调试工作。经与 ETI 中方授权工程师交流，受制于 ETI 知识产权保护，中方授权工程师前期也未进行过系统的培训，无法独立开展系统的调试工作。

3 行动

考虑到 ZDT 系统调试完成为福清核电 5 号机组运行许可证重要承诺

项，且 ZDT 系统运行时温度达到 650 ℃左右，存在较大的工业安全风险。经与主管领导充分沟通汇报，制定了如下行动方案。

3.1　统筹策划，成立专项机构

由公司领导牵头成立 ZDT 调试攻坚专项组，专项组成员包括调试管理处、维修三处、设备采购处相关人员，从制度、人力、物力上保障调试所需资源；建立定期专题会制度讨论遇到的问题及解决方案。

3.2　自主攻关，突破技术瓶颈

针对 ZDT 系统设计文件不全的情况，调试人员分工协作，全面收集、翻译、消化吸收 ZDT 系统已有资料，依照现场设备、机柜接线逆向研究 ZDT 系统设计原理，自主完善系统流程图、机柜接线图，根据完善的图纸大胆尝试开展调试工作。

4　结果

（1）项目取得成功

专项组历经 9 个月的不懈努力，于 2021 年 11 月 20 日完成 7ZDT 系统的调试试验工作。经对最终产物进行取样分析，并经设计确认试验结果合格，7ZDT 系统实现了设计功能。

（2）个人能力提升

调试人员通过自主攻关，不仅优化了 ZDT 系统的流程，同时编制了 ZDT 系统调试运行手册，为后续的设备运行、检修积攒了丰富的经验。在这个过程中，调试人员的技能水平也得到极大的提升。

5　启示

困难并不可怕，可怕的是没有挑战困难的勇气和战胜困难的决心。在面对困难时，人都会有畏难情绪，需要有人站出来共启愿景、以身作则、使众人行，这个人就是领导者。

案例 34　按期完成 6KP 围护结构安装，确保 601 大修按计划实施

夏书文

1　背景

福清核电 6 号机组商运前，机组处于试运行状态，6KP 龙门架围护结构无施工窗口，根据主线计划安排在 6 号机组商运后启动 6KP 龙门架围护结构安装。

2　问题

福清核电 6 号机组已商运，各参建单位大部分施工人员已撤场，还面临着各项目部管理人员不全，协调不当，并受疫情影响，施工人员无法到场等制约，同时存在工期紧、工业高风险时间长、室外高温及风雨天气等不利因素。

3　行动

2022 年 3 月，根据工单出票启动 6KP 龙门架围护结构安装，为确保在 601 大修前完成，采取如下行动方案：

1）组织参建单位成立专项组，确保施工组织协调、资源保障到位；

2）强化组织领导，健全施工管理体系，优化施工逻辑，落实经验反馈；

3）优化脚手架搭设方案，细化安全管理措施；

4）建立现场定期碰头会制度，强化安全网格化履职及现场安全监督检查；

5）加强危险源辨识、高风险作业管控，提升本质安全；

6）搭设防雨防晒棚，确保雨天、高温天气也能持续开展室外施工。

4　结果

以“精细化管理”为抓手，有力保障施工又稳又快地推进，比同期 5 号机组提前近 50 天完成；通过精心策划、紧前推动、团队协作，高质量完成 6KP 围护结构安装，确保 601 大修顺利实施。

5　启示

对广核电厂施工中遇到的问题，领导者可通过以下方式来解决：

1）充分发挥主人翁意识和主观能动性，敢于担当；

2）践行“六同理念”，积极配合、高效协同；

3）统筹策划，精心组织，提前梳理各项制约因素；

4）优化施工逻辑，投入优势资源，制定专项计划；

5）优化施工方案，加强风险管控，总结经验反馈。

案例 35　破解紧急采购，培养“砸缸”文化，提升团队幸福感

夏学传

1　背景

2019—2020 年，福清核电商务合同处年平均完成紧急采购并签订合同 50 份，需求密集、数量多，但在外部审计、巡视检查时发现紧急采购存在急采不急用的情况，导致采购员工作积极性降低，因此有必要寻求破解紧急采购之法。

2　问题

紧急采购工作任务急，一单一签效率低，给采购员增加了工作负担，且干扰了团队日常工作节奏。紧急采购也是审计重点关注对象，犹如烫手山芋，让人吃力不讨好，影响团队的工作热情。

3　行动

应用哲学中的方法论，抓住主要矛盾，实现“零采购”时间，减负增效。

对于单一来源厂家的备件，采用项目经理负责制，每一个单一来源厂家都责任到人，一个采购员负责与几个厂家对接，有紧急需求时技术部门加急立项，商务合同处收到立项后通过商务确认函联系厂家提前备货，并同步根据历史采购情况确定价格、确定到货日期，提高供货响应率。同类立项合并下订单，减少合同数量。采购员对物资需求和到货情况做到心中有数，对个别响应积极、经常紧急通知备货的厂家可考虑提前支付备用金（库存管理费）供订货使用，提高厂家配合积极性。

对于非单一来源厂家的备件，通过观察指导科室采购、访谈采购员，并经设备管理处、财务处、法务办公室、审计监察处同意，以招标的方式确定 3～5 家供应商实现兜底采购的操作方案，以达到降本增效。通过 3～5 家上游厂家资源多、响应积极、供货质量优、历史合同履约好的供应商，后续出现紧急缺陷时，直接询价下委托并完成供货。可以把日常杂乱无序、数量大的紧急采购一次性解决，大大降低机组因缺少备件带来的安全风险，同时实现“零采购”时间，真正意义上减负增效。

4　结果

1）最大程度上满足了现场生产需求，减少了现场等备件的时间；

2）紧急采购合同数量由 50 份降为个位数级，减少了采购员的工作量，提升团队幸福感。

5　启示

除了本位考虑合法合规，对于影响工程、生产效能的供应链事项提倡主动破解黑匣子，让领导和团队成员在担当中获得成就感、幸福感。为此，对领导和团队提出以下建议。

领导：率先垂范，敢于向困难说“不”，做“司马光砸缸”的践行者，每季度有半天“冷思考”的时间。

团队：“两学一做”，关键在“做”。接受团队吐槽生活、工作困难的同时，鼓励自己的事情自己尽力办，同时组织会议共同研讨、解决困难，每季度组织一次破冰会议，搞不定人搞定事，搞不定事搞定人。

案例 36　应对紧急突发事项，践行领导力见成效

徐　越

1　背景

财务处每年年终都会面临一项非常重要的工作，就是全体员工年终奖的发放。财务处需要在 12 月 31 日将全公司员工的年终奖按时、准确无误地打入其个人银行账户中。福清核电财务系统于 2020 年 7 月正式接入中国核电会计共享中心，年终奖发放较以前年度相比将面临新的挑战，会计共享当年已纳入 14 家成员单位，各家年终奖发放制单和网银传输打款将会全部集中在 12 月底最后三天时间里完成发放，数据量大造成工作难度很大。考虑综合因素、系统压力必须要把前期准备工作做得充分再充分，抢时间、抢资源才能保证年终奖顺利发放。年终奖发放首先是要与人力资源处核对确保全年工资总额准确无误，其次需要综合财务科和资金科做好配合，准备计算个人所得税及提供资金保障，再是协调会计共享年终奖网银包导入系统，预约银行发放时间及跟踪处理进度等。

2　问题

已到 2020 年 12 月 29 日下班时间，人力资源处加紧赶制年终奖发放表，处室领导、科室以及科内负责薪酬发放工作的同志都在焦急地等待中，一直等到 29 日晚上 10 点，人力资源处通知延期提供年终奖发放表，具体提供时间不确定。也就是说 30 日下班前很可能无法按原计划时间提供会计共享网银包，一旦遇上系统问题或其他不可控因素将很有可能出现年终奖无法在 31 日按时发放，情况十分紧急。

3　行动

3.1　带头行动

薪酬会计将紧急情况向科长汇报，发现很可能无法在 31 日完成年终奖发放任务，同时对这种紧急情况的处理没有思路。于是，科长询问了可能出现的几种情况，对目前工作进展进行了分析，运用领导力方法，把可能出现的问题分别列出，并与人力资源、薪酬会计、税务会计进行讨论研究最佳解决方案。

3.2　制定方案

科长将问题和最佳解决方案首先向处室负责人进行了紧急汇报，并连夜联系会计共享资金科负责人，确定接口人，随时联系应对突发情况，并将传输网银包时点再次修改，与人力资源处薪酬科商量最晚提供的时间，对可能出现的问题分析并提前预判，制定了 3 种备选方案。

3.3　项目实施

30 日晚至 31 日凌晨，处长、科长、薪酬会计及税务会计留岗随时待命，安排薪酬会计、税务会计对人力资源预计数据进行了 3 版模拟测试、所得税测算、编制预制凭证模板，认真核实每一个细节，确保所有数据与人力资源处提供的数据核对无误。系统、人员全部就位，待收到正式年终奖数据用最短的时间完成所有数据的运算、导入、账务处理、全年工资核对等一系列工作，将以最快时间提供给会计共享传输网银包。经过各岗位协作努力，在 31 日凌晨 3 点 02 分完成了年终奖数据拆分，上午 9 点 23 分传输会计共享网银包，最终于 31 日上午完成了年终奖账务处理工作。

4　结果

经过两天一夜的加班工作，在跨公司、跨部门、跨岗位协作努下，最终实现了在 31 日下午 6 点前全体员工准确无误地收到了年终奖，使全体员工欢度 2021 年元旦。

5 启示

1）财务工作涉及大量的财务数据和公司经济业务，财务人员要善于发现跟公司密切相关的难题和解决难题，特别是解决挑战性的难题，关键时刻发挥领导力的作用；

2）领导者的价值，不是在顺境时的从容，而是在逆境中的担当。面对困难，不推诿、不退缩，以智慧协调各方，以毅力攻坚克难。唯有如此，方能突破困局，成就非凡。

案例 37　建章立制、有效激励，营造团队协作氛围

姚　伟

1　背景

2019 年 3 月，维修电气专业员工在巡检时发现一项设备缺陷，即 1 号机组电气厂房冷冻水系统电机停运，加热器指示灯不亮，该员工随即办理了工作许可证，现场检查确认指示灯、温控器开关无异常后，归还工作许可证，并转交仪控专业检查。

仪控专业人员办理工作许可证，现场检查发现控制柜熔断器烧毁，更换后验证仍不亮，归还工作许可证，另建工单待机组停运时再处理。

2019 年 9 月，机组停运检修窗口，仪控专业人员再次办理工作许可证排查缺陷原因，检查发现加热器回路存在短路，于是归还工作许可证又转交回电气专业处理，电气专业人员重新办理工作许可证，现场检查发现进线电缆在法兰入口连接处破损接地，随即完成处理后，故障消除。

设备缺陷在电气和仪控两个专业之间反复流转，总共办理了 4 张工作许可证，历时半年多问题才得到解决，造成设备多次停役检修和维修资源的浪费。

2　问题

“1 号机组电气厂房冷冻水系统电机停运，加热器指示灯不亮”缺陷无法有效解决的关键点在于不能立即定位故障点，故障原因可能又涉及维修多个专业，无法第一时间确定应该由哪个专业负责处理。由于责任无法明确，各专业从自身考虑也都更倾向于证明不是自己的问题，使得缺陷得不到认真对待和快速彻底解决。

本案例暴露出在日常维修工作中，存在团队合作意识不强、“一次修好”责任意识不足的问题，各专业在思考、制定缺陷原因排查方案时，都只管自己负责范围内的设备，而没有运用系统性思维，组织相关专业一起统一考虑、充分分析、全面排查可能原因，从而出现“自扫门前雪”的低期望行为，也与团队“应修尽修，一次修好”文化理念相违背。

3 行动

通过组织团队内部各专业深入分析问题，从组织、管理、制度上认真思考，详细查找问题产生的原因，进行充分讨论，广泛征求意见，制定了解决措施，主要包含两方面内容。

3.1 讨论发布团队内部“缺陷处理三原则”，建章立制明确责任担当要求

（1）首问负责：接收到缺陷的专业（首问专业），总体牵头负责，组织其他专业持续推动缺陷处理，直至缺陷处理完成或缺陷原因得到明确。

（2）协同处理：各专业必须积极配合首问专业，发扬团结协作精神，共同推动缺陷处理，直至缺陷处理完成或缺陷原因得到明确。

（3）准确流转：缺陷需要转交其他专业的，转出专业和接收专业均需保证各自判断的准确性，判断错误方则记录偏差，并予以通报。具体解释如下：

1）转出专业如认为缺陷非自己专业需将缺陷转给其他专业，但最终确认缺陷责任仍是转出专业的，转出专业为判断错误方，记录偏差；

2）接收专业如认为缺陷非自己专业而拒不接收缺陷，但最终确认缺陷责任仍是接收专业的，接收专业为判断错误方，记录偏差。

3.2 讨论发布团队内部“互帮互助点赞制度”，有效激励营造团队协作氛围

在缺陷处理过程中，牵头专业主动发现专业间配合的亮点，并为配合专业发出点赞卡，同时以点赞卡数量对各专业主动、积极配合的点赞行为进行奖励。

4　结果

在团队内部推行“缺陷处理三原则”和“互帮互助点赞制度”后，各专业对缺陷处理的关注焦点，从原来的强调各自职责分工变成了主动牵头共同解决问题，改变了团队各专业的思想认识和工作态度，实现了有效纠正和正向引导的目标，机组缺陷问题能够得到快速响应和迅速消除，也营造了专业间协同作战、团结一致的团队氛围。

5　启示

团队内部出现推诿扯皮、内耗问题影响管理期望时，管理者应主动采取措施，建章立制，鼓励、引导团队共同努力解决问题，提升凝聚力。

优秀的规章制度能够让团队内部所有人感受到自己的行为和努力被认可，可激发员工工作热情，激励所有人为完成团队目标和使命努力奋斗，营造出良好的团队协作氛围。

案例 38　运行值交接班效率提升

叶汉平

1　背景

2022 年运行二处开发了“放新说”匿名意见反馈小程序，让处室员工可以随时随地、无顾虑地反馈问题和提出建议，充分发挥每位员工的智慧，为公司发展、处室提升和员工幸福提意见、说不足、出点子、谈想法，以员工满意/不满意为问题关闭标准，让员工放心提、愿意提。

2　问题

运行倒班值交接班时间长、效率低的问题由来已久。2022 年，有人在“放新说”小程序中表达了提高交接班效率的诉求，但并未提供解决方案。

3　行动

由于小程序为匿名，在得知大家对于改善交接班效率的诉求后，运行二处组织了交接班提升专项会议，明确该项工作由主管运行值的副处长负责，组织制订解决方案并答复。经过实地调查、现场验证以及员工座谈，列出了问题清单，制订了行动计划。

3.1　调查研究

经过当班观察与员工座谈，发现制约交接班效率提升的问题主要集中在 3 个方面：

1）倒班值班车分别从凯景、生活区、三福发车，每个值的 3 辆车到达 0UA 的班车时间不一致，交接班受制于最后一辆到达 0UA 的班车时间；

2）0UA 到达 8EU 步行距离长；

3）每个值对于“交班前 30 分钟内，一般不进行重大操作”理解不一致。

3.2　对策制定与实施

针对上述矛盾突出的 3 个问题，分别采取了如下对策：

1）明确了各值班车到达 0UA 的后墙时间，根据中途停靠接人情况，合理安排发车时间，确保各班车到达 0UA 的时间一致；

2）开通 0UA 到 8EU 之间的交接班专车；首先是开展效果验证，联系班车以 20 千米/小时的速度开到 8EU，与步行的时间对比，获取班车开通后的收益数据。其次论证班车开通必要性以及 3、4 号机组布置与其他机组的差异，争取得到公司办的理解与支持。经过努力，最终实现了交接班车开通，后续转由倒班车执行该路线任务；

3）编制交接班工作效率提升 CHECKLIST，明确各值上班前、上班后、交班前 30 分钟的工作，统一标准，特别是交班值在交班前 30 分钟开始执行交班准备工作，提升交接班效率；

4）跟踪执行效果，统计每日交接班数据信息，分析研判执行情况，做好经验总结。

4　结果

通过本次专项提升活动，在确保安全的前提下，每班平均交接班时间缩短了 20 分钟，较原时间减少了 50%，大大提升了交接班效率。标准化、精细化、高效化的交接班是班组安全活动的一种重要形式，它不但有助于提高员工安全意识，养成全员参与的精细化管理理念，更有助于提高员工工作幸福感。

5　启示

领导者要坚持建立组织内部的高度信任，营造员工敢于表达意见、提出问题的氛围，运行二处的“放新说”小程序起到了这个作用；在问题提出以后，领导者要善于调查研究，抓住主要矛盾和矛盾的主要方面，有的放矢制定对策，高效地抓好执行，解决问题，营造好团队合作、信任与合作的氛围。

第 4 章
追求可持续结果（LE.4）

案例 39　搭建一站式服务平台

李　峰

1　背景

福清核电作为福建省重要能源基地、全球首台“华龙一号”建设地，每年慕名或者因工作需要来访的人员众多，少则 5 000 人，多则上万人。为提升来访人员进入厂区所必需的手续办理效率，在公司领导指导支持下，对分布于不同系统的多个流程进行整合，对相关流程进行优化。

2　问题

由于福清核电厂区位于福清东南区域的兴化湾旁，距离福清市区 40 多千米，来访人员进入厂区，需要各部门接口人员在不同系统流程内办理乘车、用餐、住宿、劳保用品借用、宣教中心使用等申请。原来的乘车、工作餐申请、酒店预订、劳保用品借用、宣教中心使用等工作存在线上线下同时存在、流程烦琐等问题，且往往这类工作可预见性差，留给接口人员的准备时间不充足，加之各个流程交替，申请数据雷同度高且重复提交，严重影响工作效率，还存在审批不及时，耽误来访人员行程等情况。

3　行动

为解决上述问题，从两个方面着手：一是简化流程；二是将分布于不同系统的多个流程进行整合，构建一站式服务平台，让员工填一次表，搞定多件事。

1）简化流程。对乘车流程、工作餐申请流程进行简化，将原来需要 3 个环节 2 个部门审批，改为 1 步审批。

2）流程整合。统一内部要求，联合各相关部门研究，将乘车、工作餐申请等 2 个线上申请，以及酒店预订、劳保用品借用、宣教中心使用 3 个线下申请进行整合，统一为 1 个入口办理相关申请流程，接口人员只需要填 1 次数据，就可实现数据在不同流程中自动流转。流转结束，接口人只需打印结果表单，即可实现管理部门具体人员按需准备资源、预留窗口，接口人和来访人员凭单使用。

4　结果

实现 5 个流程一站式归集，让员工从烦琐的事务中脱离出来，工作效率提升了 300%以上，又让来访人员看到了公司勇于探索、持续改进的作风，展示了福清核电良好的工作风貌，提升了公司的外在美誉度。

5　启示

管理工具是为管理服务的，是为提升效率、改进工作而生的。如果达不到预期效果，或者成为管理效率的绊脚石，就应该思考改变或者优化流程。同时，要与时俱进，对已建立的流程定期“回头看”，树立客户理念，以使用者的角色审视，系统思考，大胆改进。

案例 40　强化人员培养过程管理案例题目

李海明

1　背景

2020 年 10 月份，一名员工由运行部门调至安全质量处从事工业安全管理工作，该员工是 2017 年参加工作，一直担任运行现场操作员，文档编辑能力较差，在工作的前几年中邮件都没发过几次，而从事安全管理，又不可避免地需要编制各类报告或方案。为了提升他的岗位工作技能，科长给他安排了师父，制定了岗位能力培养计划，但由于没有过程中的管控，最终实施效果未达预期。

2　问题

大概在 2021 年 3 月，因为工程现场安全管理工作任务变重，科室所有人员都需要扑到现场进行监督，从这时候开始，科长安排该人员独立承担一些工作，但不管是编制简单的信息单（科长认为比较简单的工作）还是组织专项排查，或是编制排查报告，其质量均离期望值相差太远，还有较多基本信息错误（1～4 号机组与 5、6 号机组的差异）以及文字错误，文件格式也很乱。科长看到这些文件后的反应就是这个小伙子不上进，几个月了连最基本的工作技能都不能满足要求。其间，因为工作质量的原因，科长也批评过他多次。批评过后，他当天加班都在修改材料，查阅文件，科长就开始反思自己，该名员工其实还是有上进心的，但为什么几个月看不到进步？科长拿出了当时制定的培养计划，逐项向他了解，发现当初的培养计划根本没执行，深入了解后发现由于与原来岗位差异大，他本人不清楚如何着手，而科长在几个月的时间里压根也没过问过。

3　行动

通过这个案例，科长理解了 NPDS 管理课堂上的一句话，那就是“领导检查什么，员工就重视什么”，责任还是在科长，是科长没有对计划进行过程跟踪，是科长没有主动去了解和评价他个人的工作情况。

后来科长主动与他做了几次沟通，详细与他沟通了个人成长的关键和计划。自此之后，科长将学习计划细化到周，每周反馈学习情况，并由科长进行检查。同时与他的师父进行沟通，确认计划的可行性及实施方法。定期与师父沟通对其培养情况，动态调整学习任务。

4　结果

3 个月后，该人员现场检查的频度有提升，能够查找高质量的安全隐患，排查报告编制的质量也有了明显提升。最重要的是能看出他工作态度的转变，不是懒散的，而是主动的、协作的。

5　启示

1）基层管理的关键因素是沟通和过程跟踪，要让员工感受到这件事是管理人员极为重视的，是对他个人、对团队都有好处的。另外就是制定的计划一定是沟通过的、可执行的，不能让他觉得做不到或者别人都没有做到，凭什么这么要求他，不能让他有“被针对”的感受。

2）对员工的培养，并非一朝可就，需要有计划、有评价、有调整、有鼓励。目前科长在员工技能培养方面，更多的还是依靠员工在工作中的实践，而缺少对于工作中管理技能、更高的管理期望的传达。

案例 41　姚孟项目部首次推广外部市场拓展实施计划

王　奕

1　背景

2023 年是公司对项目部实施全成本核算的第一年，项目部经营现状不容乐观。主要表现在：员工薪酬提升空间小，降低员工工作积极性，部分员工存在得过且过的心理；日常运维和大修工作的固化性，弱化了人员的管理能力、创新能力和协同能力，部分员工在检修技能、个人素质提升方面存在“躺平”意识；人力资源结构性缺员等问题。

2　问题

无有效消化渠道和人员补充使得专业骨干人员技术能力、管理能力断层风险持续增大，各种安全风险随之增加。同时项目管理也随着人员更迭弱化了适应发展的能力，增大了成本管控的难度。

3　行动

3.1　现状分析

针对存在的不足与短板，项目部经过认真调研、思索、探讨，为激发团队工作积极性和项目部整体素质的提高，因地制宜地建立了科学合理的市场拓展机制以及相应的分配机制、用人机制，以适应项目部的创新发展需要。

为了提升项目部的市场竞争力和电站的服务业的盈利水平，由公司“单一的整体输出”的方式向“技术/管理输出”的方式转化，切实降低了劳动力成本，实现了项目全成本测算盈利。

3.2　项目实施

1）项目部超配 50 人进驻，分别是机械专业 20 人、电气专业 15 人、仪控专业 15 人。

2）人员按照一年期限进行培养，培养期间内能够胜任负责人岗位后进行替换，对项目部技术能力进行补充。

4　结果

（1）项目取得成功

2023 年上半年，项目部扩编超配 50 人进驻，进一步加固人员稳定性，同时项目部利用大修空档期向外部基地人力支援，在提高人员收入的前提下，降低了项目部的成本控制，切实降低了劳动力成本，实现了项目全成本测算盈利。

（2）员工能力提升

参与外部基地支援不仅能提升员工技能水平，还能更全面地提升员工整体素质。

5　启示

当项目部面临经营危机的时候，墨守成规已经不能维持现状，就需要领导者改革创新，根据团队当前的现状进行分析，制定可行的方案计划，带领团队共同提升。

第 5 章
培养领导能力（LE.5）

案例 42　培养班长管理能力

王　伟

1　背景

运行团队是守护机组安全可靠运行的关键人员，值长群体、班长群体、白班管理人员群体是运行团队的骨干力量，其管理与领导力水平的高低直接影响机组安全可靠运行和运行工作质量。班长作为承接科值领导和现场人员的桥梁，如何持续提升其管理能力和领导力，是运行工作的重要课题。

运行处室提出针对班组长实施类似的管理能力研讨班，并组织开展班长管理能力课程开发。

2　问题

运行团队骨干力量的管理能力至关重要，然而，由于运行工作的特点是精力主要集中在服务机组生产，长期从事技术学习和应用，大部分人员长期处于倒班状态，管理能力的培养难以通过参加公司的课程进行，需要结合运行工作要求和运行人员倒班特点，针对性开展班长管理能力培育行动。

3　行动

3.1　现状分析

初步调查行业内针对班长开展的一些培训项目和培训课程，发现开展的培训往往是较为常规的管理类培训，较少针对核职业班长开展班组领导力课程，也没有根据运行职业的特点开展的专门讲解。

关于班长管理课程的开发方向，经处室管理层研讨，初步达成一致意见。从下述 4 个方面入手开展课程开发，课程名称分别为："高绩效的团队""如何打造卓越执行力""高效沟通与实战技巧""反馈与激励技巧"。

3.2　项目推进

（1）设立班长论坛

运行领域定期召开"班组长论坛"，目的是聚焦运行领域班长管理问题，确保核电机组安全可靠运行，持续提升机组安全业绩和运行绩效，以班长为主体，采用论坛形式，搭建对话、讨论、分享、辩论的固定平台，进行思维碰撞，促进学习提升，为建设"金牌机组"、共创"卓越运行"助力。

（2）开设运行之声管理创新工具小课堂

运行一处持续开展运行之声管理创新工具小课堂系列课程，旨在创新运行工作方法，提高运行工作效率，提升系统思维，强化全局意识和责任意识。通过掌握优秀的管理方法、分析方法，强化团队的沟通与协调，提高运行工作的质量和效果，全面提升运行管理人员的管理能力。

管理创新工具小课堂课程体系，通过处室管理人员轮流讲演，开发系列课程课件、录制系列视频，确保先进的管理方法、管理手段能够在运行一处长期传承，供员工不断学习提升。截至目前，该活动已开展了 17 期。

（3）开展 3 期班长管理能力提升研讨班

运行一处已开展 3 期面向班组长的"班长管理能力提升研讨班"培训和管理交流活动，覆盖 64 人次。活动主要由处室内部教员来进行授课，根据相关主题内容，安排相关处室负责人、科值长进行授课，对典型事件、案例进行分析，传承公司管理经验，吸收先进管理理念，推动公司基层管理人才职业化、专业化发展。

（4）开展"班长技术支持霞浦核电服务"活动

由福清核电运行值班员技能与创新工作室牵头，组织运行一处、运行二处优秀班长人员前往霞浦核电开展技术支持活动，共计开展为期3周的技术支持活动，结合霞浦核电需求，提供班组建设、设备原理、防人因失误工具等多项内容技术支持，传播班组管理经验，同时在交流过程中吸收霞浦核电管理方法。

（5）创新开展班长及通岗人员能力评估活动

运行一处为全面评估、提升现场通岗操作员能力，特开展现场操作员通岗能力评估工作，以培养更多的优秀人才，践行“做机组守护者”的承诺。评估对象以现场班长为主，分四部分进行，一是岗位能力综合评估，包括近两年获得嘉奖情况、岗位经历、大修岗位经历、指导徒弟、岗位管理等相关信息；二是参照现场高级值班员教材，对所学知识进行岗位知识笔试；三是由处领导层带队，对班长及通岗操作员进行评估口试。最后对每一位人员进行综合评价，并给出指导意见。

目前已完成20名人员评估工作，通过本次评估工作，对现场操作员的目前管理及技能有了全面了解，为更好的指导管理有促进意义，有助于更好地履行“做机组守护者”的承诺，为机组安全稳定运行作出贡献。

4 结果

（1）项目取得成功

经过一系列班组长管理能力培养的行动，创立了“班组长论坛”，完成了多起管理创新工具分享，并顺利开展了班长技术支持霞浦核电服务，得到了霞浦核电同仁的一致好评。

（2）员工能力提升

通过上述系列行动，在运行一处形成了学习管理能力、学习应用先进管理工具的浓厚氛围，大大提升了运行人员的工作效能和持续追求卓越的意识，为培育高素质职业化的运行人才队伍和运行优秀机组业绩奠定了坚实基础。

5 启示

管理能力的提高需要长时间的积累和磨炼，当团队面临困境的时候，管理人员应站在更高的角度看问题，给予员工足够的指导和帮助。有效的管理应该着眼于全局，而不是仅让自己成为一个全能的领导。

案例43 倡导积极参与，培养自主管理能力开展协作单位管理

许洪川

1 背景

福清核电维修支持处服务科数十人管理数十个长期协作单位，协作单位总人数超过500人，面对如此庞大的队伍，如何管理好人员遵守核电程序、有序开展工作是一项重要挑战。

2 问题

低技能工种人员结构复杂，叠加核电行业严格管理安全质量，如何在较低的成本下管理好低技能工种人员并遵守核电行业程序开展工作是亟需解决的重要问题。

3 行动

3.1 现状分析

在目前国企严格的审计背景下，低技能的工作往往是低价中标，协作单位在开展工作过程中为保证不亏损或少支出，使用的人员普遍学历较低、能力一般。同时由于工种大多属于体力工作，年轻人员较少，管理难度大，项目管理上往往存在“等、靠、要”的问题。

3.2 项目推进

（1）制定规划，提升接口管理人员能力

指导接口管理工程师从现场调查分析入手并对历史偏差进行分析梳理，从人、机、料、法、环入手进行改进，旨在提高管理能力、降低现场工作风险。

（2）对标先进，传递管理理念

引导科室成员在工作生活中关注对标工作中的标准，比如机场服务、商场管理、物流管理、酒店管理、环境保护等行业先进的经验，在人性服务、智能管理等方面积极思考策略。

（3）提升管理能力并做好传承

针对学历低、能力低、年龄大的问题，引导在关键岗位上进行引进学历较高、较年轻的人员，并在人数方面进行浮动控制，以项目制为主。

4 结果

（1）项目取得成功

项目管理人员、项目接口管理人员主动思考对标，发挥能动性，在不同的工作阶段调整工作重点，调整人员结构，实现了内部人力系统的迭代和自运行。

（2）员工能力提升

接口工程师参与到项目的管理中，提升项目管控能力并了解到行业内外的先进实践，固化到工作流程中，个人管理能力也得到提高。

5 启示

工作中总是存在挑战，即使是现场最平凡的工作，领导者也需要去找到工作的获得感，通过从行业专家和领导分享的经验中获得知识，积极培养并指导他人，可激励团队共同成长。同时领导者需主动为具有领导潜力的人员提供锻炼机会。

附录　编写人员名单

本书编写人员较多，按姓氏拼音排序依次为：崔伟、董恩兴、范黎鋆、范晓、贺英哲、胡彪、胡凌、金卫阳、赖宏宇、李峰、李刚、李海明、李洪滨、李华、林建康、鲁忆迅、马守来、毛俊、沈越、施千里、王孟石、王伟、王肖飞、王奕、王再根、翁方检、吴李兴、吴新义、夏书文、夏学传、鲜超、许洪川、徐越、姚伟、杨伟伟、叶汉平、臧乐、张明辉、张绍久、张智勇，具体分工见下表。

章　名	编写人员
第 1 章　制定优先考虑核安全的卓越愿景（LE.1）	董恩兴、王肖飞、翁方检、鲜　超
第 2 章　鼓励员工积极参与（LE.2）	范黎鋆、范　晓、胡　凌、金卫阳、李　峰、李　刚、林建康、鲁忆迅、毛　俊、施千里、王孟石、王　伟、王再根、吴李兴、杨伟伟、臧　乐、张明辉、张绍久、张智勇
第 3 章　营造团队合作、信任和合作的氛围（LE.3）	崔　伟、贺英哲、胡　彪、赖宏宇、李洪滨、李　华、马守来、沈　越、吴新义、夏书文、夏学传、徐　越、姚　伟、叶汉平
第 4 章　追求可持续结果（LE.4）	李　峰、李海明、王　奕
第 5 章　培养领导能力（LE.5）	王　伟、许洪川